U0223019

饕掏不絕

朱振藩 著

生活 · 讀書 · 新知 三联书店　生活書店 出版有限公司

图书在版编目（CIP）数据

饕掏不绝 / 朱振藩著 .—北京：生活书店出版
有限公司，2015.7（2017.9 重印）
ISBN 978-7-80768-106-9

Ⅰ.①饕… Ⅱ.①朱… Ⅲ.①饮食－文化－中国
Ⅳ.① TS971

中国版本图书馆 CIP 数据核字（2015）第 127520 号

责任编辑　廉　勇
装帧设计　罗　洪
责任印制　常宁强
出版发行　**生活書店**出版有限公司
　　　　　　（北京市东城区美术馆东街 22 号）
邮　　编　100010
图　　字　01-2015-3881
印　　刷　北京顶佳世纪印刷有限公司
版　　次　2015 年 8 月北京第 1 版
　　　　　　2017 年 9 月北京第 2 次印刷
开　　本　880 毫米 ×1230 毫米 1/32 印张 9
字　　数　180 千字
印　　数　8,001—11,000 册
定　　价　34.00 元
（印装查询：010-64052612；邮购查询：010-84010542）

九蒸暴而日燥，百上下而汤鏖。

尝项上之一脔，嚼霜前之两螯。

烂樱珠之煎蜜，溢杏酪之蒸羔。

蛤半熟而含酒，蟹微生而带糟。

盖聚物之夭美，以养吾之老饕。

——苏轼《老饕赋》

目　录

尝　鲜

吃豆腐

食　谈

序 口腹旋律：聆听朱振藩大师谈美食

许水富

第一句话是咸的

在唇舌之间滑下许多断章修辞

一堆刚出炉的子曰诗云烤得烂烂的

味道介于老辣和摩登以及羞涩

整个台北顿时滑入五花八门的胃肠

忽然一个吟哦的打嗝

甜腻甘醇和心知肚明的酥软溢出了香气

请坐。这只是一碟舌根小菜而已

刀工剑法才开始出巡江湖

火候就绪。调材生华亮出厨艺吃食兴亡

一抹油渍淋了字句遍体飞扬

恬淡自豪。各家绝技烟尘毕露

而肚腹满满已是中饱私囊横行

一啄一饱。庖事大业孕有不衰脏腑圣贤

论生死。贵贱难逃一大口一大口的出没

汤水江河。鱼龙漫游一路衣香风景

诸色红颜。山野村蔬尽是人间叫绝密藏

许水富，台湾师大美研所毕业。擅长诗文书画，创作多元面广，著有《多边形体温》、《饥饿》、《买卖》等八本诗集。烹调"诗艺"能手，白天教书干活，晚上创作修心。

自 序　饕可掏，非常饕

　　"老饕"和"美食家"二者，是当今常见的词儿，想要得此"嘉名"，门槛其实不高，只要对吃有兴趣，拍个照片上网，发表一些意见，甚至不发一语，仅有照片存证，亦能获此封号，让人不敢恭维。如果更进一步，却有贬低意涵，此在知名饮食作家蔡珠儿的想象中，"'老饕'带有贪意，好像人生无所用心，整天都在找好吃的，一副需索不止、贪得无餍的模样；而'美食家'则带有刁意，让我联想到精乖刁钻、东挑西拣和势利的嘴脸"；接着她发出浩叹，"天啊，我虽没出息，但也不想落得那般下场"。

　　以上皆是时下对"名饕"和"美食家"的主流观点，积非成是，莫衷一是。看来要导之使正，必在先正其名。不然，久而久之，将使真正的知味之士，难以措其手足，无"颜"立足世上，亦惧蒙此"污"名。

　　饕是古兽名，经常与餮合用，称为"饕餮"。这等奇特猛兽，长相怪异吓人，若非科幻片看多了，简直无法相信。据东方朔

《神异经》的描述，它"身如牛，人面，目在腋下，食人"，至于其性情，则"性狠恶，好息，积财而不用，善夺人谷物，强者夺老弱者，畏群而击单"，实在不是个好东西。后来变成图腾，周代所用的鼎，起先就以它为形象。例如《吕氏春秋·先识》即云："周鼎著饕餮，有首无身，食人未咽，害及其身。"后来由具象变成图象，化身成饕餮纹，并成为青铜器上的常见纹饰。

然而，《左传》的说法不同，讲的是恶人。指出："缙云氏有不才子（即不肖子，坏儿子），贪于饮食，冒于货贿。侵欲崇侈，不可盈厌；聚敛积实，不知纪极。不分孤寡，不恤穷匮。天下之民以比三凶（分别是组织黑帮、行凶作恶的浑沌，散布谣言、陷害忠良的穷奇以及独断专行、不听人言的梼杌），谓之饕餮。"

到了西汉，饕餮仍然并用。像《淮南子·兵略》便说："贪昧饕餮之人，残贼天下，万人搔动。"已去贪财之义，专指贪昧而言。是以东汉之世，饕与餮开始分家，字书如《说文》《韵会》等，在注"饕"字时，其意义已专指"贪嗜饮食"了。

自从北齐的颜之推表示"眉毫不如耳毫，耳毫不如项绦，项绦不如老饕"后，宋代吴曾在《能改斋漫录》引用此话，再注释称："此言老人虽有寿相，不如善饮食。"于是乎"饕"的含义为之一变，开始有会吃、善吃之意，而不是只有原先的贪吃而已。

而这"老饕"二字，虽联结在一处，其本义应是"老"而"饕"之。但将二字连用，再赋予单独意义，始自苏轼的《老饕赋》。赋文中的"盖聚物之夭美，以养吾之老饕"（其意为把美好的食物，统统用来满足我的口腹之欲）句，不啻表明知味且善饮食的苏东坡，乃中国历史上公开宣称自己是老饕的第一人。这篇仅两百来字的《老饕赋》，描述层面甚广，凡庖人的技艺、烹调的精妙、肴点的丰盛和宴饮的欢乐，无不包罗其中，滔滔不绝，绵延不断；令人读罢，心领神会，能得其乐。

杰作之后，不免续貂。苏轼的这篇，既引起回响；另一篇《老饕赋》跟着问世。作者署名"某应制者"，收录在朱晖的《绝倒录》一书内。文采不如前作，亦有独到见解，如"每尝遍于市食，终莫及于家肴"即是。

在如此的推波助澜下，"老饕"正式出笼，成为善吃之人、知味之士的代表，但不包括饮食"文化"在内。故饮食大家唐振常曾精准地说："即使吃遍天下美味，舌能辨优劣，往往也还只是个老饕。"

那美食家又是如何呢？得要"善于吃，善于谈吃，说得出个道理来，还要善于总结"，有"饮食菩萨"美誉的车辐如是说。这和李眉在谈他父亲李劼人的一番话，颇有异曲同工之处。他指出："我认为父亲不单是好吃会吃，更重要的是，他对饮食的探索和钻研。他之所以被人称为美食家，其主要原因大概在此。"

基本上，"美食"一词，在先秦便已出现，像《韩非子·六及》、《墨子·辞过》等书，均使用过。台湾出版的《中文大辞典》，设有"美食"条目，并把它解释成"味美之食物也"；"调食物之味，使之美也"。

而让"美食家"这个词儿大行于世的，不得不归功于以写苏州而大享盛名的陆文夫。他在一九八二年时，出版了一本中篇小说，书名就是《美食家》。这本书凡六万多字，描绘一位名叫朱自冶的美食主义者，写他吃遍苏州及其周遭的饮食活动，并最后如何成一家之言。文笔活泼生动，非但译成多国文字，而且拍成电影。流风所及，"美食家"遂继"老饕"之后，成为华人世界中人人朗朗上口的名词。

　　由于"老饕"和"美食家"都无证照可稽，旁人无从知晓其本事和底蕴，于是给得慷慨，乐得送高帽子。反而使这个"头衔"益发俗气，也莫怪大吃家逯耀东会感慨地说："所谓美食家，专挑珍馐美味吃，而且不论懂或不懂，为了表现自己的舌头比别人强，还得批评几句。"他老人家毕竟是有道长者，其实许多拥此称号者，恐怕连所食是否为"珍馐美味"，还搞不太清楚，吃不出个所以然来哩！

　　依我个人的微末见识：想吃到或吃出美味的"味中味"及"味外味"，非得天时地利人和三者俱全。同时还得具备超乎常人的好运道和肚大能容的好肠胃，以及始终如一的好味蕾等有利条件，始克奏功。而欲臻饮食的最高境界，必须读万卷书，行万里路，尝万般味。加上不断归纳、演绎之后，方能"尝一脔而知全味"，不会"随人说短长"，进而成为一位"真金不怕火炼"的美食家。

　　以上是我的理想，也是我努力的目标。不过，既已身为一个老饕，必须掏出"文化"，才有机会再上层楼。这本《饕掏不绝》，是我在海峡两岸出版的第四十本书，若去掉命相和风水部分，则是第三十四本。纯就饮食而言，充其量只是略有小成而已。只是希望里面所谈的这些，能增进您对饮食文化更深的认识与体会。如此，始能侃侃而谈，当个饕掏不绝的"非常饕"，品出自己的天空和境界。

是为序。

烹食

千古绝唱东坡肉

自古以来，菜以人传的例子很多，而最受世人称道、号称杭州第一名菜的"东坡肉"，绝对是其中之佼佼者。即使清初饮馔名家李渔在《闲情偶寄》中指出："食以人传者，'东坡肉'是也。卒急听之，似非豕之肉，而为东坡之肉矣。噫！东坡何罪，而割其肉，以实千古馋人之腹哉？"且"予非不知肉味，而于豕之一物，不敢浪措一词者，虑为东坡之续也"。仍未损其赫赫之名，反而更增添它在中国饮食史上的崇隆地位。

话说大文豪苏轼，自号东坡居士，十足是个美食家。他在被贬黄州后，家贫身困，吃不起当时贵重的羊肉，好吃的他，脑筋只好动到"贵者不肯吃，贫者不解煮"同时"价贱如泥土"的"黄州好猪肉"上面，终于研究出"净洗铛，少著水，柴头罨烟焰不起。待他自熟莫催他，火候足时他自美"的顶级红烧肉。从此之后，当他在"夜饮东坡醒复醉"之余，"早晨起来打两碗，饱得自家君莫管"，自得食乐，不亦快哉！

尽管中国许多地方都有独门的"东坡肉"，然而，杭州人认为只有他们所烧的"东坡肉",才得东坡真髓。原来苏轼官钱塘太守时,为了疏浚西湖里的淤泥,乃征召民夫掘泥筑堤,此即当下"西湖十景"之一的"苏公堤"。由于民夫卖力赶工,自然损耗不少体力,为了弥补慰劳,加快筑堤速度,苏太守便想起他当年在黄州时的红烧猪肉,遂注入黄酒于大锅内,烧给大伙儿吃,效果出奇的好,百姓感其德泽,世代流传此一烧法,号称"东坡肉"。

其实"东坡肉"之名,始见于明人沈德符的《万历野获篇》,指出:"肉之大截(即块)不割者,名'东坡肉'。"其烧法则见于清代的《调鼎集》,云:"肉取方正一块,刮净,切长层约二寸许,下锅小滚后去沫。每一斤下木瓜酒四两(福珍亦可),炒糖色入。半烂,加酱油。火候既到,下冰糖数块,将汤收干。用山药(蒸烂去皮)衬底。肉每斤入大茴三颗。"至于其滋味,则载于杨静亭所撰的《都门新咏》,略称:"原来肉制贵微火,火到东坡腻若脂。象眼截痕看不见,唉时举箸烂方知。"简简单单四句,描绘入木三分,是以两岸三地,至今流行不歇。

我新近在香港的"杭州酒家",尝到其招牌名馔"东坡肉",但见色泽红润,入口汁浓味醇,肉酥烂而不柴,皮爽糯而不腻,取此下饭佐酒,好到齿颊留香,无法形容其美,难怪见重食林,甚为饕客喜爱。

松阪猪肉的本尊

　　曾经红极一时的猪颈肉（一名猪圈肉、项肉、项脔、槽头肉），后因传言施打抗生素的针在此部位注射，食之有害健康，身价因而暴跌，敢问津者甚少。近几年来，换个名号出现，以顶级的松阪牛模拟，径呼"松阪猪肉"。此名一出，果然闻"肉"响应，马上咸鱼翻身，成为高档食材。究其实，它本身即是珍馐，现在声价陡涨，只是还它公道而已。

　　这块肉即大名鼎鼎的"禁脔"。此语最早见于《晋书·谢混传》和《世说新语》，它和东晋元帝司马睿有关。据《晋书》上的记载："元帝始镇建业（今南京市），公私窘罄，每得一豚（小猪），以为珍膳，项上一脔尤美，辄以荐帝，群下未尝敢食，于时呼为'禁脔'。"正因此肉肥脆爽美，自古就视为佳味，以至大文豪兼大食家的苏轼在《老饕赋》中吟："尝项上之一脔，嚼霜前之两螯，……盖聚物之夭美，以养吾之老饕。"将禁脔与螃蟹第一对大钳子似的蟹脚并论，其推重可知。

　　不过，孝武帝司马曜当政时，为选个好女婿，向大臣王珣征询人选，王珣推荐谢混。不料婚事未成，皇帝就驾崩了。另一位大臣袁山松也看上谢混的才学出众，也想招做女婿，征询王珣意见。王珣立刻表白，"卿莫近禁脔"。后来谢混娶了公主，从此"禁脔"就演变成了驸马爷的代名词。像唐代大史学家刘知几便在《史通》中写道："江左皇族，水乡庶姓，若司马、刘、萧、韩、王，或出于亡命，或起自俘囚，一诣桑乾，皆成禁脔。"

晋元帝爱吃的禁脔，红烧、白煮均佳。前者在烹制时，取其肉洗净，切成若干块，入锅，加酒、姜、酱油、糖、汤汁焖烧至韧劲酥透即成。热食固佳，冷食可再切成薄片，下酒佐饭，确为妙品。后者则在煮熟后，切厚大片，蘸调料而食，真大快朵颐；如径送嘴中，细尝其原味，肉香融润脂，乃一大享受。只是这等尤物，多食动风，还是量力而为，适可而止方好。

而"禁脔"一词，将之比喻成独占珍美物（不专指食物），不容别人分享、染指之现代意义，倒是牵扯到一代女皇武则天。原来武氏宠幸的上官婉儿，有次竟背地与武的男宠张宗昌调笑。武氏撞见，醋兴大发，一怒之下，拔出金匕首刺向上官婉儿前鬓，伤其左额，并怒骂道："汝敢近我禁脔，罪当处死！"张宗昌见状，马上下跪求情，武才赦免了上官婉儿。

目前台湾的卤肉（肉燥）饭，为了节省成本，几乎都用三层肉，只要卤得透，仍有可观处。然而，早年好的卤肉饭，其肉臊子一半用猪前腿肉，一半用禁脔，以猪油、酱油精炼之后，再用木炭文火慢炖，端的是"浆凝琼液，香雾袭人，而且入口速溶"，可惜古法无迹寻觅，只能徒托怀想罢了。

镇江肴肉耐寻味

扬镇菜曾经在中国的菜肴史上大出锋头，有口皆碑。其中，最享盛名的冷盘菜，则非镇江的肴肉莫属。

这道菜原名"硝肉"，又称"水晶肴蹄"，非但是镇江人最喜好的早点，也是早年台湾的江浙馆子和上海菜馆必备的拼盘菜，常和风鸡、醉鸡、熏鱼等凑在一块儿。其滋味究竟如何？近人有诗云："不觉微酥香味溢，嫣红嫩冻水晶肴。"即点明了它的色、香、味、形，但属上乘。至于其最大的特色，即在酥、爽、鲜、嫩，独具一格。经仔细品尝后，其精肉色红，香酥可口，食不塞牙；肥肉色白，油润不腻，吞咽立化。由于滋鲜味美，吃来别致有趣，故能与淮扬细点齐名，成为镇江的招牌绝品。

关于肴肉的制成，事属巧合。据说本欲用盐腌猪蹄，却误把硝抹上，结果肉质未坏，细结而香，色泽明艳，光滑晶莹。为了不忍割爱，努力去除硝味，于是反复以滚水煮，清水浸，接着加入葱段、姜片、茴香，再用小火焖煮，最后切片装盘。当地至今盛传，因其香气浓郁，居然引来八仙中的张果老，眯眼细品之余，对其鲜美之味，感觉满意至极，倒骑驴背而去。不过，这等齐东野语，本就渲染附会，当作谈助即可，不必追根细究，免得自寻烦恼。

肴肉在镇江上市，已历三个世纪以上，起先用手工压制，所以要肥要瘦，可以随心所欲。因而善做肴肉的大师傅，其工钱特别的高，且吃肴肉的名堂，非常之多，细数不尽。比方说，有一种偏瘦的，切出来可是一个肉圈挨着一个肉圈，不仅好吃，而且好看，别号"眼镜"。还一种不肥不瘦的肴肉，正中嵌有一条 S 型的瘦肉，好像从前系腰带的带钩，好事者管它叫"玉带钩"。更有一种肴肉，纯粹瘦肉核儿，中间插上一根鸡腿骨，这可是大有来头的，号称"天灯棒儿"。按照当地规矩，在茶馆叫上一只天灯棒，表示来客不是凡夫俗子。摆上三只天灯棒，敢情是有行情的人物。如果连摆五只，即是在摆谱儿，表示有外地大亨到了，声价非比等闲。这等特别礼俗，倒也生动有趣。

而在品尝肴肉时，须蘸些香醋，佐姜丝送口，最能尝出其浓醇风味与芳鲜酥糯，如再搭配黄酒同食，尤妙不可言，不觉陶然欲醉。

可惜的是，而今台湾饭馆所卖的肴肉，多非师傅亲炙，刀章亦待提升，"有的切得大而且厚，有的又切得小而且薄，肉的软硬程度也不划一"，想要吃几块好肴肉，真的有些戛乎其难。可恨的是，以往吃肴肉时，弄不着好的镇江高粱米醋衬托，现则有好醋，却尝不到上好肴肉，两俱失之交臂，徒叹造化弄人。

不俗不瘦笋烧肉

南宋著名食家林洪爱吃原味，对于竹笋，更是如此。他的方法为："夏初，林笋盛时，扫叶就竹边煨熟"，因"其味甚鲜"，故美其名曰："傍林鲜。"他这个看法显然与诗人杨万里相近，杨氏在《记张定叟煮笋经》中即云："大都煮菜皆如此，淡处当知有真味。"又，清代食家童岳荐更进一步指出："笋味最鲜，茹斋食笋，只宜白煮，俟熟，略加酱油，若以他物拌之，香油和之，则陈味夺鲜，笋之真趣尽没。"可见对于笋这一"至鲜至美之物"，文人雅士们特爱其本味，不容与他物相混。

因此，林洪强烈主张："大凡笋，贵甘鲜，不当与肉为友"，且"今俗庖多杂以肉"，不啻是小人坏了君子。关于此点，恐怕就见仁见智了。像李渔在《闲情偶寄》中即谓：用笋配荤，非但要用猪肉，且须专用肥肉。由于"肉之肥者能甘，甘味入笋，则不见其甘，但觉味至鲜"。

事实上，今杭州临安市（古称於潜县）尚流传一则轶事，可资谈助。原来苏轼担任杭州通判时，曾于初夏抵此，下榻金鹅山的"绿筠轩"。此地茂林修竹，风物景色极美，他心怀大畅下，随即赋《於潜僧绿筠轩》诗一首，词云："可使食无肉，不可居无竹。无肉令人瘦，无竹令人俗。人瘦尚可肥，士俗不可医。旁人笑此言，似高还似痴。若对此君（指竹笋）仍大嚼，世间那有扬州鹤？"照苏轼当时的观点，笋与肉不应合烧，否则有损笋的清雅本味。没想到用餐时，县令刁铸居然用笋烧肉款待他，并告诉他说："吃笋切忌大嚼，只能细尝。"苏轼依言而试，果然滋味不凡，乃打趣接着道："若要不俗也不瘦，餐餐笋煮肉。"

"笋烧肉是一种极可口的配合，肉借笋之鲜，笋则以肉而肥。"幽默大师林语堂如是说。事实上，笋烧肉的确是美味，其组合亦多变化，而且效果甚佳。既可用桂竹笋煮排骨，也可用冬笋、春笋红烧大块三层肉；凡此种种，不一而足，但全会让人闻香垂涎，如搭配香粳饭（一称香米饭）而食，尤其可口。倘若无香粳米，也可换成寿司米（注：日本人做握寿司所用的高档米），烧出来的饭，口感一样出色。连扒它数大碗，肯定意犹未尽。

我个人最爱吃的笋烧肉，乃《调鼎集》一书记载的"焙笋"，它的制法为："嫩笋、肉汁煮熟焙干"，因其"味厚而鲜"，一次尝个几块，快活好似神仙。

红糟肉的好味道

早年福州菜盛行时，在台北多家餐馆中，可尝到上好的红糟海鳗、红糟羊、红糟鸡，甚至还有红糟田鸡，或炸或炖或烧，各极其妙。曾几何时，福州菜没落，以上的这些，已很难寻觅，想吃到好的，更戛戛其难。幸好尚有好的红糟猪肉可食，可以稍慰吾怀。

而今的红糟肉，多现身摊档中，取名相当奇怪，竟以"红烧肉"为号召，实在匪夷所思。其所用的部位，一般都是三层肉，经红糟腌制后，再以滚油炸之，一经食客点选，即按其量多寡，随即手切奉客，搭配姜丝同食，入口颇有风味，而且不拘冷热，各有特殊口感。佐酒固然甚宜，与粥、饭、面、粉（含米粉、河粉、濑粉）等共享，亦能觉其美甚，真是无所不宜。如和白切三层肉同纳一盘里，红白交映，色相挺佳，又很合味，乃小吃中的上品。

近赴大稻埕"太平市场"内的"阿角红烧肉"，品尝其古早味的红糟肉，滋味果然不凡。肉皆当日制作，各个部位都有，早些去的，尚可吃到禁脔（即颈环肉）、里脊、三岔等上肉。色泽嫣红，细致而活，加上刀章得法，非但顺势而切，甚至"割不正不'进'"，确为古风重现。此外，另点的白灼猪心、三层肉、透抽（乌贼的一种）等，制作亦精，临灶陶然而食，亦是人生一快，不觉碗盘皆空。

经典牛馔及其他

在我周遭的亲友中，有好些人不食牛肉。期间或长或短，标准宽严不一。探讨其中原因，有可归诸宗教信仰者，像戒律、许愿、还愿等，也有因体质不宜者，有的则不食与自己同生肖者；说法莫衷一是，然而尚可理解。不过，有的人所持之理由，居然是吃了牛肉，晚上会睡不着觉；或者是一吃牛肉，浑身即不对劲，感觉有罪恶感，这实在是无端摒弃好食材。

先秦时期的牛，非但是珍食美味，而且是祭祀用品，贵为太牢之首。"牺牲"二字，就是从"牛"旁，其地位可想而知。当祭完神后，再祭五脏庙，真个是物尽其用了。

牛肉特有的一股"香"和摧刚为柔后的肉质，令人神往。顶级和牛如神户、松阪、近江、米泽等，或炙或涮，甚至生食，都属不凡。但最令我心动的，仍是体格结实、肌肉纤维较细、组织甚为紧密、色深红近紫红、肌间脂肪分布均匀、肉质细嫩郁香的土黄牛。近年来这种牛有在台南、金门等地饲养，早已是饕客眼中的珍品。

我食牛的分水岭，关键点在结识一代神厨张北和之后。在此之前，也曾吃过上品，今日思之，亦会涎垂，且在此举些荦荦大者。

我高中刚毕业时，有段时间，寄寓在台北市安东街一教会中。安排者为死党叶兆龙君。叶父出身行伍，自上校退役后，即在该教会工作，负责看管教产。他精通书法、国学，亦谙吐纳养生之术。其时我深好文史、军事及理学，尤爱读《宋元学案》、《明儒学案》、《近思录》、《呻吟语》等书，因此，常向他老人家请益及闲谈，日起有功。每吃晚饭，除我们三人外，尚有一位中校退役的汪叔叔（忘其大名）共餐。他卖臭豆腐为生，能烧一手好菜，晚餐自然由他主理。他亦颇通文史，好聊军中一切，我后来对国共内战有深厚兴趣，即由此奠基。

汪叔叔为湖北人，鄂人最擅蒸菜。当我告别前的最后那顿饭，他不做生意，一大早就跑去市场买菜，说要烧道美味让我品品。等到开饭时，赫然是一大笼粉蒸牛肉。这玩意儿当时常在些川味牛肉面馆吃到，另有粉蒸排骨、肥肠等，吃了数家，亦不见奇。汪叔叔的则不同，我看着他做，选妥上等黄牛肉，找准肌理纹路，先横切成粗条，接着切大块，以豆瓣酱、米粉子及少量的糖、醋、酱油拌和均匀，上笼蒸约两小时即成。临吃之际，再撒些花椒面，放蒜泥及香菜。热乎乎，香喷喷。肉松而嫩，咸香够味，端的是一食难忘。约莫十年后，"湖北一家春菜馆"新张于通化街，其大厨的粉蒸牛肉，亦拿捏得宜，十分中吃，我缅怀"故"味，点食了数次，皆大快朵颐。但比汪叔叔那回所精制的,确实有所不及。等到"一家春"换了师傅,这味粉蒸牛肉与另一招牌的"谦记牛肉"皆每况愈下,令我摇头太息。又,自数年前"一家春"歇馆,再也无处下箸,只能将美好记忆,永留在内心深处。

就读辅仁大学时,学校附近开了一家广东饭馆,名"金玉满堂",由于手艺出众,吸引不少食客,我亦其中之一。而当年的那一班,济济多士,出了不少人物,像"特侦组"中起诉马英九的侯宽仁、侦讯陈水扁的林嘉慧等皆是。林氏才学出众,性乐善好施,尤急公好义,绝不落人后。念大四时,为该店老板解决一桩棘手事,老板感恩图报,嘉慧屡次拒绝。在不得已之下,乃拿出其绝活,准备一桌盛馔,借以酬答一二。我与嘉慧私交极笃,自在受邀之列,于是欣然赴会,准备大啖一番。

此席水陆杂陈,道道精心制作,但印象最深刻的,反而是蚝油牛肉。这本为该店的拿手菜之一,肉片得薄,旺火速炒,柔滑而嫩,挺有吃头。这回上的,尤其精湛。但见肉片又大又薄,刀工甚佳,举箸之时,盘中犹"沙沙"作响,冒着小泡。吃到嘴里,既烫,且嫩,又滑,除镬气外,还带有几许特殊的蚝油香,越吃越"香",下酒裹饭,无一不佳。我后来在港、台各地的名馆中,多次品享蚝油牛肉,竟无一家可出其右。

约二十年前,台北的永康街附近,一度是美食天堂。名馆有"鼎泰丰"、"高记"、"秀兰小馆"、"合家香"、"东生阳"、"同庆楼"、"东升阳"等,稍远点的,尚有临沂街的"吃客"。其时我常流连于此,或批紫微斗数,或教书法,或授面相等。行有余力，也会和学生在这儿转悠及享受美食。一旦谈起店家的菜色，必如数家珍，能尽道其详。其中，我最常光顾的，首推"秀兰小馆"。

那时"秀兰小馆"初张，陈设典雅简朴，菜色家常精致，虽然售价不菲，但因刀火功高，遂能获我青睐，一再光顾不辍。初期的名菜如葱爝排骨、红烧蹄髈、狮子头、笋尖鸡、炒河虾仁、红烧黄鱼、草菇豆腐等，由于去太多次，至今仍能朗朗上口，拈出精妙所在。但在诸多的菜品中，我甚欣赏其萝卜炖牛肉或牛筋。此菜火候独到，肉松软而酥透，筋则 Q 爽弹牙，牛的鲜汁悉入萝卜之中，萝卜的清甜则与筋、肉交融，肉固然佳妙，萝卜的滋味尚在肉之上，好到一食忘俗，让人齿颊留香，每每不能自休，吃到奋不顾身。可惜该馆自开分店后，质量已然下降，售价居高不下，近十年不去矣。所幸天无绝人之路，在我居住的永和左近，开了两家滋味不凡的小馆，一在文化路，另一位于国光路，他们皆擅烧萝卜炖牛肉，路数不同，各臻其妙。使我乐在其中，往往不能自拔。

前者为"上海小馆"。店家从本帮路线外，另辟蹊径，缤纷多彩，美不胜收。所烧的萝卜炖牛腩，带有上海弄堂风味，肉糜筋透鲜藏，虽微存牛腥气，但不掩其甘香，常一块接一块，咀嚼再顺喉入，深得食肉之乐。后者乃"三分俗气"，老板为风雅人，菜则绝不媚俗，好似老板娘般，在落落大方中，纤细精巧有之，知味识味之客，无不奔走其间。店家在烧制萝卜炖牛腩时，先从选料入手，筋肉比例适当，接着砂锅烧透，火候精准得宜。其味带有番茄，色泽深红而艳，细品萝卜与肉，总能恰到好处，而且老少咸宜。此外，店家的豆干炒牛肉丝及萝卜丝焖炒牛肉丝，俱刀火两绝，一干香一柔嫩，取此佐酒下饭，足以回味再三。

而在我所认识的千百厨师中，张北和无疑是能推陈出新、妙得真谛的第一把手，擅烧太牢（牛、羊、猪）之味，堪称并世无双。牛落在他手上，无论煎卤熬煮，均能变化万千，让人目不暇给，而且啧啧称奇。一般人所尝的，绝非亲操刀俎，执此论述其能，可谓瞎子摸象，殊不得要领矣。

张氏所治牛肉，名噪海峡两岸。以下所列举的，只是其中顶尖者，分别是他自豪的水铺牛肉、麻辣牛肉及牛小排笋尖，各具其美。其他的妙品，唯囿于篇幅，就不一一细表了。

水铺牛肉原是汉口川菜名馆"蜀腴"的广告牌菜。据说是店老板刘河官向家里的一位老佣人学的。此菜的制法是先将两分肥八分瘦的嫩牛肉，"别筋去肥，快刀削成薄片，荬粉用绍酒稀释，加盐糖拌匀，放在滚水里一涮，撒上白胡椒粉就吃，白水变成鲜而不濡的清汤，肉片更是软滑柔嫩"，已故的美食大家唐鲁孙曾说过这"比北方的涮锅子又别具一番风味"，而且是张大千的"大风堂"名菜之一。

说句实在话，水铺牛肉这道菜，肉须选得精，片也要切得薄，作料要调得恰当，水的热度更关系着肉的老嫩，看起来简单，想恰到好处，确戛乎其难。张氏并未尝过，仅凭唐鲁孙、张佛千等人转述，不时加以揣摩，终而悟出道理，专用牛肩胛肉，以纯熟的刀法，切成舌状薄片，采取现铺旋捞，掌握火候口感。记得有次在"上海极品轩餐厅"用餐，当天名士云集，有张佛千、陆铿、逯耀东、刘绍唐、袁暌九（笔名应未迟）及我等二十位，北和特地做个水铺牛肉三吃，并自个儿在餐桌旁以瓦斯炉现氽现烫，计有原味、姜丝及麻辣三种，其味之佳，至今思之，犹津液汩汩自两颊出，谓之尽美矣且尽善矣，绝非徒托大言。

原味首先端出。大伙儿对其色白胜雪的美感及清爽柔润的口感，连连喝彩，一下箸即盘空，还有人不相信这是牛肉哩！自然频频叫添。再上盘同样的，但有些许变化。原来张氏为了方便大家尝点另类滋味，表示既可用之与独门渍姜丝送口，亦可蘸其自研的黑胡椒粉同享。结果一经调和后，肉香越探越出，滋味则无穷无尽，废箸而叹者，颇不乏其人。最后则尝麻辣口味，重麻微辣，喉韵甚佳，适口兼且充肠。接连三牛荐餐，果然非同凡响，勾起大家馋涎，启动所有味蕾。有人慨叹地说，牛肉而能如此，不愧大师绝活。

我还吃过另一种更奇特的，以火锅的方式呈现。它是用鲍鱼、老鸡、黄豆及黑糯米熬出的汤头做底，锅内仅置六只斤把重的大鲍鱼，只只伟硕，真有看头。吃法尤令人咋舌，竟是将上好牛肉片，平铺在鲍鱼之上，吸取其中的精华，甫熟即入口，真有妙滋味。又为求爽润，另涮柳松菇，尤相得益彰。待食毕牛肉，即连同鲍鱼撤锅。共食的友人张志明律师，极精饮馔，号称全台湾南部最懂吃的人，引领我品尝嘉义以至屏东的精彩食肆无数。他从未见识这种吃法，不禁脱口而出："真是太神奇了，乃生平所仅见。"

麻辣牛肉渊源自灯影牛肉。灯影牛肉大有来头，据说与唐代诗人元稹有关，这当然是无稽之谈。不过，它薄到能在灯影下照出物像来，倒是有口皆碑，曾在1935年成都举行的花会上，被评比而获得甲等奖，名噪一时。

张氏于灯影牛肉的透明如纸、色泽红亮、香甘麻辣的特点外，另出机杼，肉切得小而薄，先腌渍入味，再蘸胡椒粉及辣油，置炭火上烤炙。肉质变化层出，其"触"感为外酥里嫩、脆而不硬，咀嚼之后，甘香尽出，令人惊艳。我一共尝了三次，一直震于其火候拿捏之准，允为观止。

台塑牛小排在国内大受欢迎，"联一"倡之于前，"王品"继踵于后，至今仍为招牌。然而这种以大蒜和调味酱压味的料理方式，绝难体现出牛小排独有的美味。前"欧美厨房"的赵福兴师傅，手法新颖独特。他先将小西红柿炒一个钟头以上，去渣存汁，再与牛小排烤完滴下的油炒匀，然后下红酒提味，最后把此一味醇质醲的酱汁，浇淋于烤妥的牛小排上即成。肉质酥脆带腴，酱味甘洌清正，两者搭配而食，蕴藉且有深味，一旦尝过，势必难忘。

赵师傅的牛小排固然妙绝一时，犹守西式做法，换句话说，还不够"本土"。张北和在牛小排方面，不循故辙，直接翻新。一用炭火烤炙，另一用原味卤透。前者于加糟增香外，另以桂竹笋尖搭配，肉香笋嫩交织，确为完美组合；后者纯赏卤味，脂浓肉腴却不腥不燥，且配以孟宗竹笋，一滑腴，一爽脆，皆绝妙。而在享用之际，佐以白干、老酒，那股痛快劲儿，诚非笔墨所能形容。

瓷盘托出，牛腱蒸至烂透，先批成数片，再合拢如初，像极佛手瓜，故取以为名。黄芽白数茎，齐整列其侧，汁则清如水，微咸但鲜美，稍咀嚼立化，舌底即生津，食味一级棒，真可称尤物。可惜充外敬，君如非熟客，只好盼奇迹，始一膏馋吻。

末了，台湾的客籍人士，一向善烹"全牛宴"。经追本溯源后，原来广东人食牛已有千余年的历史，早在唐代中叶，其烹牛之法，早名闻遐迩。《岭表录异》记："容南土风，好食水牛肉。……每军将有局筵,必先此物,或煮或炙,尽此一牛。……北客到彼,多赴此筵。"我个人也是全牛大餐的支持及爱好者，由北到南，从本岛到外岛，可是吃了十来次，阅历颇丰，故能说得出个所以然来。

在我印象中，全牛大餐以用水牛肉最佳，黄牛次之，进口牛再次之。而今水牛锐减，只能徒呼负负。近日所食而佳者，仅"新庄牛肉大王"而已，然已无水、黄牛。其主庖的徐月玲小姐，在传统之外，以养生诉求。虽淡而不薄，清亦可怡人。当下北风起兮，先来个牛肉锅，涮着牛肉吃，再点些牛馔，就着白干尝。登时全身暖，心胸次第展。这等豪情快意，也就尽在不言中了。

热气羊肉初体验

　　涮羊肉是我的最爱之一，犹记得早年的"山西馆"，便以此肴见长，每届寒风起兮，食者络绎于途，一进餐厅里头，炭烟味儿四窜，熏得泫然欲泪，但见桌桌起烽火，饕客纷纷涮羊肉。颇好此道的我，处此氛围，难以自制，经常报到。自"山西馆"歇业，鲜嫩羊肉难觅，偶食冷冻羊肉，机器现片，卷成筒状，红白相间，色相虽佳，嚼来有渣，不是那个味儿，常会废箸而叹。

　　上海的"洪长兴羊肉馆"，最早在沪上经营涮羊肉，时约1920年。起初，当地人并不时兴吃，只有少数京剧艺人和回民前来问津。过了十年后，北方来沪客商激增，店家特聘北平名厨一批，一切地道制作，赢得食客口碑，每到冬天，食客盈门，应接不暇。现已改成国营，装潢更加亮丽，吸引大批游客，显然是吃热闹。

　　既已来到上海，正遇首道锋面，气温骤降，适宜食羊。友人倡议去"洪长兴"涮个羊肉吃。我曾读唐振常的《品吃》，上面写着，该店的涮锅之食，"竟是海鲜压倒羊肉"，心想还是吃别家吧。于是改去其附近平民味小馆——"月圆火锅"。它只卖涮羊肉，而且是现宰的，店招为"热气羊"，我至此方明白，大陆所谓的"热气"，即是台湾的"温体"，宰毕脔割，现片而食，师傅四人，手不停挥，供不应求，足见盛况。

我们一行人，先食"大三叉"、"小三叉"，再吃"上脑"、"黄瓜条"，由爽转嫩，其鲜无比。佐食的荠菜腐皮包极佳，连吃三盘，意犹未尽；菜蔬则以大白菜、茼蒿为主，鲜青带香。真个是涮涮乐，沉浸在氤氲中，不知今夕何夕。

炎夏妙品梨炒鸡

打从七月起，台湾即进入水梨的旺季，名闻遐迩的丰水梨、新兴梨及三星上将梨等相继上市，爱吃梨的朋友，无不引颈企盼，准备大饱口福。

以梨入馔，始于云南。据说清初吴三桂率三路大军攻打昆明，抵御的南明晋王李定国退守至市郊的呈贡县一带，军中乏食，一农妇得知后，将家中的仔鸡宰杀，欲送给李定国食用，但又怕不够，便顺手从院中的梨树上摘下十几个宝珠梨（注：此梨系云南高僧宝珠和尚引种培育而成，因而得名。其皮色青翠，果肉雪白细嫩，汁多味甜，食后无渣，且树不甚高，举手可得），然后将鸡、梨切丁合炒成菜。李定国食罢，觉得脆嫩香甜，不禁大赞好吃。其后，李定国自滇西反攻昆明，招抚百姓复业。一日，偶想起前些时日吃梨炒鸡的滋味，忙命部下寻找那位农妇回营。两人在叙谈时，李定国便问当年吃的菜叫什么名，农妇不假思索，回说叫宝珠梨鸡。

此菜后来传至江南，美食家袁枚将之收录于《随园食单》中，文云:"取雏鸡胸肉切片,先用猪油三两熬熟,炒三四次,加麻油一瓢,芡粉、盐花、姜汁、花椒末各一茶匙,再加雪梨薄片、香蕈小块,炒三四次,起锅盛五寸盘。"并说无梨时,可用荸荠切片代替。

为《随园食单》演绎的大陆特一级厨师薛文龙指出:"此梨最好选用著名的莱阳梨和砀山的黄酥梨。而在制作时,嫩生鸡脯先剔去皮筋,切薄片,放入容器中,加盐、鸡蛋清、芡粉拌和。梨则去皮核,切薄片,并要防止它变色。"

接着把锅上火烧热,加素油,俟微热,即将生鸡片入锅速炒倒出,沥去油。原锅再加入麻油、梨片、香菇丝及调味料(盐、绍兴酒、姜汁)。鸡片以旺火翻锅速炒,再加花椒末,起锅装盘即成。

此菜黑白分明,既鲜且嫩,具有甜、香、咸、麻、脆等特色,食之齿颊留香,尤宜夏日享用。目前云南的宝珠梨炒鸡丁在用料上,与江南的有所出入,花椒改成葱段,香菇丝换成火腿丁,芡粉则专用蚕豆粉,色相更美,滋味有别,已成云南最受顾客欢迎的特色名菜之一。

至于台湾的丰水梨、新兴梨及三星上将梨等名种,香甜多汁,肉白质嫩,亦适合制作梨炒鸡。您想换换口味,值新梨上市之际,应是不二选择。

畅饮鸡汤元气足

国人爱补尚补，从古至今，莫不如此。而要进补，最便捷的，莫如鸡汤，尤其是老母鸡汤。而今相沿成习，可谓其来有自矣。

大抵言之，禽兽之肉，不论其鲜味或补力，鸡总排在首位。其滋补力之大，甚至超过羊肉，不但以其血肉之质来填补人的血肉之躯，而且可以补气。此一中医所谓的气，指的应是存活体内的一种动力，其乃西医所不能理解的。

究其实，人身最基本的动力，出自心肌细胞，以及全身各脏器细胞所蕴蓄的活力，它是一种天赋的力量，号称"元气"，一名"先天之气"。而人体天禀的强弱，即由这种原动力的强弱来决定。它既能赋予细胞的活力、脏腑的机能、脑神经的智慧与运用，且此一元气自人出生后，便须借由食物与呼吸，不断加以补充，使其不虞匮乏，避免疲劳衰竭。

能直接补益元气的，在植物中，唯有人参；而在动物方面，则非鸡汁莫属。一旦饮用鸡汤，顿觉胃口大开，全身精力充沛，其原因即在此。所以自古以来，便以鸡为补气良品。如以化学分析，鸡所含的成分，也不过是脂肪、维生素及多种矿物质等，并不特别突出。然而，在吃完鸡肉后，硬与别的走兽之肉不同，有补气益血之功效。难怪俗谚云："宁吃飞禽四两，不吃走兽半斤。"并誉鸡肉为营养之源，其推重可知。

在鸡只中，仔鸡肉嫩，其内的筋腱，乃是容易消化吸收的胶原蛋白，除蒸、煨之外，适合以爆、炒的方式成菜。老鸡则不然，其筋腱为难以煮烂的结缔组织，用之于煲或炖，所含的氮浸出物，远比仔鸡为多，味道因而鲜美，营养悉入汤中，自然补益倍增。此外，生过蛋的老母鸡，其肉质硬而韧，食味本就不佳，用它久炖取汁，即在物尽其用，符合经济效益。

取鸡汁尚有一法，此乃《食疗本草》上所说的，"鸡汁大补元气"，以黄色的仔鸡，切成寸许之块，加上黄酒一盏，密封蒸四五次，鸡就可以出汁，食罢转弱为强，兼且大补元气。是以中国妇女在产后及年老衰弱、病后虚损，无不力倡吃鸡，尤其讲究鸡汁。若论兼补气血，肯定食品之冠，保证受益无穷。

飞龙上桌彩头好

常听俗话说："天上龙肉，地下驴肉。"关于龙肉，自来即有二说，其一是反衬手法，借不存在的龙肉，烘托驴肉之佳妙，好吃到并世无双。其二则直指飞龙，认为此一野味珍品，其肉泛紫，细嫩鲜美，滋味之棒，足以和驴肉相提并论。

又称树鸡、棒槌鸟的飞龙，主产于中国的黑龙江、内蒙古的大兴安岭一带和吉林等地森林中，为松鸡中的佼佼者。全球的松鸡共有十八种，广泛分布于欧亚大陆的北部及北美洲的林区内。比较有意思的是，在北美的松鸡，其雄鸡全身的毛能竖立，浑身抖动不已，不断拍打双翅，在原地旋转，并发出啼声，其他雄鸡见状，也会亦步亦趋，踏着整齐步伐，边叫边跳不止。很多的印第安人部落，其独特的舞姿，便是仿此而来。

喜欢出没于桦林、柳丛中的飞龙，食性广泛，无论是乔木、灌木、藤本、草本植物的嫩芽、花果，或者是菌类、苔藓、昆虫等，都是它觅食的对象，尤其爱吃人参籽、松柏籽和草籽。其胸脯特别发达，约占体重的一半，肉质细嫩鲜美，煮汤滋味特佳，虽然稍嫌平淡，切莫踵事增华，有人在献艺时，居然大费周章，在特制汤锅内，辅以鹿筋、松蕈、口蘑、猴头、火腿等料，即使味道鲜爆，但未突出主味，实吃不出个所以然来。

以飞龙入馔，因其肉色紫，宜先入清水，泡去其血质，至呈现粉红色再用。而在烹调时，因加热之后，肉色会转白，须注意配色，又因其肌肉含脂肪甚少，遇热会收缩，致老韧乏味，故凡用烤、炸等法烹饪，须加糊或以纸包，以防失水。而用炒、爆、炸、烩、汆、涮、扒等方式烹调时，应旺火快速加热，或成菜事先拍粉、上浆，使其保持鲜嫩。目前黑龙江省已研发出多款飞龙佳肴，例如"纸包飞龙"、"串烤飞龙"、"参泉美酒醉飞龙"、"渍菜美味飞龙脯"、"汆三鲜飞龙汤"、"烤飞龙脯"及"油泼飞龙"等，烧法多元，别具滋味。如果想要进补，倒是可以考虑其"五加参飞龙酒锅"，滋阴活血，大补元阳。

飞龙的近亲松鸡，亦是公认的美味，文学家如巴尔扎克、契诃夫等，均推崇备至，英国人尤视作珍宝。只是他们的吃法，还真有点怪，类似中国人的制风鸡，却又不宰杀放血。其手法乃整只连毛吊于通风处，先吹个几天，再取下整治，煺毛去脏，或烩或烤，据说吃起来有股霉香味，甚似发酵过的咸鱼，嗜之者趋之若鹜，恶之者掩鼻而走。

而飞龙的下水，亦是珍味所至，尤其肝脏绝佳，远非鸡肝可比。有人便打趣说："古人最重龙肝凤髓，凤髓无从觅食，飞龙之肝，则是极品。"此一攀比，或恐逾实。不过，飞龙肝想要单独成菜，势必要用好几只才够，准此以观，其珍贵程度，非肉可及也。

飞龙荐餐好滋味

飞龙非龙，而是一种野味，属鸟纲鸡形目松鸡科，学名为花尾榛鸡。自古即是贡品，其味之美，无与伦比。

鸡，谐音"吉"，寓意吉庆。所以每逢春节，人们都少不了买鸡。大陆传统的年画，更常以鸡为题材，张贴鸡的年画，剪裁鸡的窗花，象征满屋吉（鸡）利。而年三十那顿年饭，习惯上鸡鱼同桌，取吉（鸡）庆有余（鱼）的吉兆。这种千古遗风，至今仍承其绪。

曾被列为黑龙江省三类（注：现为国家一级）保护动物的飞龙，虽有些地方试行人工饲养，但因食材难得，不太可能入寻常百姓的餐桌，因而春节在家受用，应是不可能的任务。不过，滋鲜味美的飞龙，一向是席上之珍，究竟长什么德性，味道又如何好法，且在此娓娓道来。

基本上，飞龙和松鸡一样，上体呈烟灰色，具有棕或黑色大形横斑，冠羽短而明显，有一白色宽带，由颊部延伸至肩部。其喉黑色，尾羽青灰色，中央二枚褐色，具黑色横带，跗跖羽灰白色。眼栗红色，喙乌黑，短强而钩曲，眼睑则红色。躯干近似家鸽，个头虽不大，但胸腔甚伟。性善奔走，常隐树上，起飞时扑扑作响，两翅平伸滑翔，姿态十分优美。又爱群居，每每雌雄成双，很少远离，故有"林中鸳鸯"之美称。而它之所以得名，则因飞行时，如同鸿雁般，排成一字形，其状似长龙，遨游天际间。

品享飞龙，最宜炖汤。关于此点，《黑龙江志稿》上记载："江省岁贡鸟名飞龙者，斐耶楞古（满族语音译）之转音也，形同雌雉，脚上有毛，肉味和雉同，汤尤鲜美，然较雉难得……"我有位父执辈，甚爱捕捉野雉，早年住基隆时，家旁大片树丛，常见野雉踪迹。约在三十年前，每逢星期假日，他便大显身手，捉个半打以上，以其半送咱家。家母都是炖汤，我至少吃一只。汤果然甚鲜美，肉则较硬而韧，幸亏齿力甚佳，可以轻松对付。

飞龙汤锅，肴美器精，一直是中国国宴中款待贵客时，不可或缺的重要嘉馔之一，像尼克松、西哈努克亲王、金日成等人都曾享用过，颇受好评。如果只是炖个清汤，整只、切块都行，汤汁清澈见底，具有独特鲜香，越探而滋味越出。毕竟油脂太少，有人嫌其味寡，配以鸡、火腿等料，借以增味增鲜。我则独爱其清隽绵长，老想能一食冲天。

惊人补益乌骨鸡

十岁前住员林，前后共有四年。家在法院后面，前有一大池塘，四周青草茂盛，左右皆为稻田，后方则是竹林，有溪缘畔而行，水流甚是湍急。时住日式房舍，院子还真不小，种些果树、丝瓜，一派田园风光。家中饲有鸡鸭，每周宰杀一只，吃得好不痛快。起先所养的鸡，不外九斤黄、来亨鸡及土鸡之属。有年夏天，来了一批娇客，体型比一般鸡小，乃天生反毛簇起的白毛乌骨鸡。瞧其可爱模样，时常逗着玩玩。当时年纪还小，不知它的名贵，原来此鸡有龙头凤尾之美誉，诗圣杜甫曾赋诗云："愈风传乌鸡，秋卵方漫吃。"可见人们食用乌骨鸡，由来已久。

乌骨鸡为珍贵的药用鸡，又称泰和鸡、武山鸡、绒毛鸡、黑脚鸡、羊皮鸡、乌鸡和白鸡等。古人归纳其特征有"十全"，即紫冠（复冠）、缨头（毛冠）、绿耳、有须、五爪、毛脚、丝毛、乌皮、乌骨及乌肉。且眼、喙、内脏、脂肪均为黑色，为江西泰和县的特产，集观赏、滋补与药用于一身，曾远销至东南亚市场，一直是国际市场的抢手货，远近驰名。

西方第一个记载乌骨鸡的人，是以游记著称全球的马可·波罗，他指出："幹朵里克旅行福州时，谓其地母鸡，无羽而有毛，与猫皮同，肉黑色，宜于食。"清朝时，江西地方官涂文轩进京，常带乌骨鸡进贡，乾隆食后大悦，从此列为贡品。据近人研究，谓乌骨鸡的雄性荷尔蒙特别旺盛，因而可作妇人更年期或少女发育不良的治疗药品。其中，又以"鸡舌黑者，则肉骨俱乌，入药更良"。而这个成药，最有名的则是乌鸡白凤丸，疗效显著。

如果用它食补，南方民间旧俗，每届冬令时节，每日必吃一只，清炖之后食用，不但补益妇人，也能补益男子。尤其主治虚劳赢弱，老人最宜常享。

清炖乌骨鸡是道江西名菜，在制作之时，将鸡宰杀治净，可从翅膀下开一小口，掏出内脏，洗净，以滚水略焯，放入砂锅内，鸡头、鸡腹朝上，注入清水，用文火炖烂，加盐调味即成。亦可从背脊剖开，入沸水略焯，再放砂锅中，加姜、绍酒、精盐、清水，以大火烧沸后，转用小火炖至鸡肉酥烂、汤浓郁即成。

姑不论何法，其特点皆是汤鲜肉嫩，滋补健身，对虚损等症，具一定食疗功效。

家母清炖乌骨鸡，会加花菇，汁更浓醇。有时则整鸡在治净后，先用盐涂抹内外，再放入电饭锅中，加两杯清水蒸，皮爽肉嫩汤醇，放怀大嗖，不亦快哉！

清代名医王士雄认为乌骨鸡"滋补功优"，《本草纲目》则具体指出："乌骨鸡甘平无毒。补虚劳羸弱，治消渴，中恶鬼击心腹痛，益产妇，治女人崩中带下，一切虚损诸病。"不过，它也不能多食，会"生热动风"，足见过犹不及，乃千古不易之理。

味怪肉嫩棒棒鸡

所谓怪味，乃四川首见并常用的味型之一，以咸、甜、麻、辣、酸、鲜、香并重著称。多用于冷菜。非但集众味于一体，而且各味平衡，却又十分和谐，因难形容其美，故用一个"怪"字，既囊括其滋味，亦褒其味甚妙。

怪味味型的菜，它的烹制方法：主要以川盐、酱油、红油、花椒粉、麻酱、白糖、醋、熟芝麻和香油等调制而成。亦有别出心裁，另加入葱花、姜米、蒜米、味精等的。其调制的手法，要求比例恰当，彼此互不压抑，而且相得益彰。

一名"怪味鸡丝"的"棒棒鸡"，无疑是川菜中习见的冷盘菜之一，又称"棒棒鸡丝"。由于它只是用煮熟的鸡丝拌以麻、辣、甜、香等复合味的调料制成，烹制简单容易，因而广为流行，并与"怪味花生"一味，同享盛名迄今。

此菜源于乐山市的汉阳坝。据说在抗战前，驻扎此地的某师长非常好吃，且吃腻了山珍海味和大鱼大肉，想换点新鲜的花样吃。当地一名叫张天棒的厨师，为了满足这位师长的口腹之欲，便挖空心思，从自己的名字得到启发，潜心研究了一款鸡菜，前所未见，新颖别致。

原来他选用肥嫩去势的公鸡，经宰杀整治完毕后，将洗净的鸡脯肉、鸡腿肉放入汤锅内，约煮个十分钟，至肉熟即捞出，晾凉后，再用小木棒轻捶，务使肉质松软，然后把鸡肉撕成细丝，逐一放在盘内，接着葱白切丝，均匀放在鸡上。另外取碗一只，放入香麻油、辣椒油、芝麻酱、花椒粉、白糖、口蘑酱油等，调成味汁后，即淋在鸡丝和葱白之上。

师长吃罢，觉得鸡肉松嫩绝美，不但色、香、味、形俱佳，而入口麻、辣、鲜、香，微带回甘的味道，更是滋味无穷，的确味美独特。忍不住拍案叫绝，命张天棒天天制作，用来佐餐下酒，吃得不亦乐乎。

自该师移防后，张天棒便在该地开了一家专营"棒棒鸡"的小食肆，由于滋味甚妙，天天食客盈门，名气逐步打开。进而成为四川中部乐山市和川东重镇达县的知名食品，寻鲜逐异之人，络绎不绝于途。

此菜传往成都后，名厨再加以改进。除了沿用旧法，先以木棒敲击斩鸡肉的刀背，使肉成块均匀，接着用麻绳紧缠白煮，待鸡煮熟后，改用木棒轻轻拍松鸡肉，目的是让它更易入味，细嫩适口。又，海派川菜在上海盛行时，名馆"四川饭店"亦备此馔，其辣中带甜、肉嫩而细的滋味，风靡十里洋场，号称"味美无比"，吸引不少饕客，蔚为一时风尚，可见味有同嗜，足为食林生色。

"棒棒鸡"还有一种甚饶别趣的吃法，那就是取烙好的斤饼一张，将成品以匙舀入其正中，卷好之后，张口大咬，一再咀嚼。鲜美之味尽释，充分逗引味蕾，真是不亦快哉！

东门当归鸭一绝

当归鸭是府城台南的著名小吃，以汤色黄褐、香味扑鼻、鸭肉软烂和汤味鲜浓著称，由于美味及食疗兼备，甚受人们喜爱，因而风行宝岛南北，成为全台各地经常现踪的风味小食之一，每值秋冬时节，嗜者趋之若鹜。

台湾的民众本重食补，故药膳在其饮食上，一直是重要的一支。时当20世纪40年代，中医师薛骞为改善体质，在精心研究下，选用二十几种中药材调配，久熬成汁，再将之融入食品中，食罢有活筋骨、行气血之功，加上药性温和，即使炎炎夏日，进食调养亦宜，成为家传药膳。

其后第二代的薛新发，以父传秘方与肥鸭结合，推出一款新食，此即目前仍活跃并驰名四远的"当归鸭"。起初只是用手推车在原东门圆环贩卖，但因以真材实料制作，加上风味出众，赢得饕客赞誉，盛名迄今不衰。

而今的"薛师傅当归鸭面线"，落脚于府前路，由第四代的薛春云与其夫婿经营。保留原始风味，仍用当归、熟地、肉桂、茯苓、白术、枸杞、川芎、黄芪等熬煮成药汁，同时为提升风味，光鸭先于鸡高汤内煮到九分熟取出，接着置于药汁中，以热水间接煮透的方式入味。其成品妙在油花晶莹、烫色赭红、清甘有韵、回味悠长，颇能诱人馋涎。

近些年来，店家提升档次，纯用鸭腿，以增咬劲，搭配红面线，口感更佳。浇淋独门的中药泡酒，遂成就其完美句点，堪称经典之作。

自当归鸭面线在几十年前做出名后，吸引不少业者跟进，有些不肖人士，为了节省成本，获致更大利润，竟用黑糖替代熟地、肉桂等药材，以致汤汁浓黑偏甜，从而难识其真滋味，食补之功亦减，让人扼腕不已。

在府城与"薛师傅当归鸭面线"并称一时瑜亮的，则是开业近一甲子的"松竹当归鸭面线"。后者低调经营，声名虽不甚响亮，但知味识味之人，无不奔走其店，只为一膏馋吻。

"松竹"的药材用量与煮法，比起"薛师傅"的，可谓异曲而同工。制作之时，整治好的光鸭与药材滚煮一小时后取出，药材继续熬炼，约二小时后，熟地将汤汁熬成黑亮色泽，当归的清鲜味亦隐隐浮现。接着再将全鸭切成十四块，食客则依己好，点选想吃部位。而在临吃之际，鸭肉入汤增温，顺势下红面线，两者同纳一碗，吃得不亦乐乎！

"松竹"另一绝活为"鸭米血"（即鸭血糕），细密软绵，不论蘸酱食，或与鸭汤共品，皆有独到风味，品尝当归鸭面线而未食之，此遗珠之憾，真非同小可。

《日华子本草》一书指出：当归可"治一切风，一切血，一切劳，破恶血"。《食物本草备考》则认为鸭子"补虚乏，除体热，和脏腑，利水道"。看来想要一食而竟全功，非吃当归鸭莫办。

紫酥肉味赛烤鸭

"金蓬莱"的排骨酥，我一吃即爱上，每回前往天母，有机会即品尝，此味酷似羊肉炸焦（即锅烧羊肉），金黄带紫，香气浓郁，微韧酥爽，且带甘嫩，滋味着实不凡。其实，这道菜的本尊，出自王侯之家，经历西狩之变，颇富传奇色彩，诸君品享之余，实应知其由来。

紫酥肉又称"小烧烤"，是河南开封的传统名菜，由于在享用此肉时，佐以大葱段、甜面酱、荷叶夹、片火烧，风味尤佳。而此一吃法与烤鸭雷同，故向有"赛烤鸭"之誉。

明永乐年间，成祖封第三子朱高燧为赵王。赵王开府后，府内一侍妾聪慧绝伦，且琴棋书画及烹饪女红无一不精，备受赵王宠爱。她知悉赵王久居北方，嗜食烧烤，乃潜心研制一款迥别于昔的烤肉菜，献给赵王享用。赵王食罢大乐，乃问此菜何名。侍妾因调料中有紫苏，笑称此为"紫苏肉"。此法后由王府厨师承袭下来。几经改进之后，已不再用紫苏做调料，只是取其同音，另称为"紫酥肉"。

公元1901（辛丑）年，慈禧太后与光绪帝自西安回銮北京时，为示悔过之诚，曾有一条不成文的规定，即沿途各府、州、县接待随驾大员，"只送全席一桌，不送烧烤（注：满汉席均以烧猪、烤鸭为大菜）"（见《庚子西狩丛谈》）之类的菜肴。然而，依照当时习俗，没有烧烤品件的筵席，的确称不上"全席"，反而使有心巴结的地方官员煞费苦心，吃力又不讨好。

当銮驾抵达开封府时，皇差局的管厨（相当于今日的行政主厨）孙可发便以紫酥肉代替烧烤品件，受到随驾大臣庆亲王奕劻的赞扬，河南巡抚松寿大喜，随即颁下赏银，孙遂名利双收。此菜因而声名大噪，一直流传至今。

制作紫酥肉时，先取猪肋条肉一段，从中切块，用木炭把肉皮烤焦，再刮去焦皮，以清水洗净，放入锅内煮透捞出。接着以花椒、葱段、姜片、酱油、精盐等码味，蒸熟晾凉后，即用温油（四、五分熟）浸炸，约十分钟捞起，随即在肉皮上抹一层醋，然后用七、八分熟的油将肉皮炸酥，如此反复数次，直到肉色呈枣红色，即可切成厚片，装在盘内供食。

若简化其部分手续，以排骨代肋条，再制作成羹状，就是台湾南部著名的小吃排骨酥汤。炎炎夏日，取此与萝卜块共煮，上撒些许香菜，汤汁微甘，香气甚浓，确是消暑隽品，能使人神清气爽，再配个卤肉饭吃，即可打发一顿，倒也自在逍遥。

如果胃纳不大，在排骨酥汤内，可直接下油面、米粉或冬粉，搭配之妙，悉听尊便。简单吃个一餐，只要烹饪得法，亦能齿颊留香，满足赋归。

蒸透的鹅超好吃

想要鹅肉好吃，必先饲养得法。一般而言，"白鹅食草，苍（即灰）鹅食虫"，不过，河南固始人饲养鹅时，必用熟饭喂食，"故其肉甘肥"。而在宰鹅后，即宜破腹去脏，如"经热水烫过，然后破腹，则脏气尽陷肉中，鲜味全失矣"。（以上见清人童岳荐的《调鼎集》）

既有好鹅肉，且整治得法，该如何享用？我个人以为，蒸来吃最好。而蒸鹅之法，首载于元人倪瓒写的《云林堂饮食制度集》。倪瓒号云林，是当时知名的书画家，也是一个大美食家。书中的烧鹅法，甚得清代才子袁枚的激赏，除了把它收录在《随园食单》里，并演绎其烧法，更名为"云林鹅"。

"云林鹅"的做法为："整鹅一只，洗净后，用盐三钱，擦其腹内，塞葱一帚（即一大把），填实其中，外将蜜拌酒，通（即全）身满涂之；锅中一大碗酒（注：须用黄酒）、一大碗水蒸之；用竹箸架之（注：此乃悬空蒸法），不使鹅近水。灶内用山茅二束，缓缓烧尽为度。俟锅盖冷后，揭开锅盖，将鹅翻身，仍将锅盖封好蒸之。再用茅柴一束，烧尽为度。柴俟其自尽，不可挑拨。锅盖用绵纸糊封，逼燥裂缝，以水润之。起锅时，不但鹅烂如泥，汤亦鲜美。"显然入口即化，而且原汁原味，会不好吃才怪。

只是现代人哪有闲工夫这样去蒸鹅！即使偷得浮生半日闲，环境和炊具也不合宜。看来想吃类似的滋味，只能乞灵于焖烧锅了，只要运用得法，一样好吃得紧。

然而，中国历史上最有名的"蒸鹅"，却非这么回事。

话说唐代宰相郑余庆朴实无华，自奉甚俭。一日，邀请至亲好友到相府用膳，由于是宰相做东，大家都期待今天可吃到山珍海味，个个兴奋莫名，一早就去赴宴。但等了老半天，居然毫无动静，大伙儿不免觉得饿了。这时候，才听见主人吩咐家厨说："把毛去净，要蒸得烂，颈子要完完整整。"客人一听，全以为相爷今天请吃的是"蒸鹅"，无不引颈企盼。

等着等着，"好"菜终于上桌，原来是每人一只蒸葫芦和一碗粟米饭。看到这等粗糙食物，来客根本无法下咽，只有郑余庆吃得津津有味，把自己的那份吃个精光。众人大为扫兴，搞得不欢而散。

哈哈！这个"误会"之所以产生，主要是在那个"颈子"上。来客想当然耳，以为主食是鹅，却万万没料到葫芦蒂长得也像鹅颈一般。

由上例可知，期待值越高，失望必愈大。当您在欣然赴会之时，最好是用平常心看待。

鹅馔味美难比拟

"经营之神"王永庆生前曾表示,他喜欢以"瘦鹅理论"(意指潜能很大,只要提供适当的材料,瘦鹅立刻变大,成长速度比一般正常的鹅快)来形容台湾在经济上的种种成就,就如光复初期,一般老百姓处境艰苦,一旦充分发挥华人刻苦耐劳的传统美德,终能一再突破困境,获致经济奇迹。

鹅的确要肥的才好吃,但瘦鹅有的是成长空间,只是未肥膘前,不受人们青睐,故有"烧鹅味道,豆腐价钱"之谚,虚有其表而已。

台湾人目前吃鹅的方式,非盐水煮即用烟熏,斩件切盘,加姜丝蘸酱料吃,如整治不得法,多半肉薄而硬,吃来不对味儿。基本上,盐水鹅以南京、镇江、扬州一带最擅烧制,肥而不腻,肉烂脱骨,令人百吃不厌。熏鹅则以浙江乐清最有名气,以骨细皮薄、肉嫩鲜美见长,风味十分独特。

至于鹅的内脏,台湾常见的吃法为煮下水汤、烫鹅肠、熏鹅肝、煮鹅肫等,爽的爽、糯的糯、脆的脆,各具风味,各有所好。鹅油十分清鲜，用来浇饭、下面、拌青菜，都是不错的吃法。

湖南的溆浦素有"鹅乡"之称，所产白鹅，既肥且美，被港商誉为中国白鹅之冠。当地人极爱食鹅，逢年过节必备此味，由于长期吃鹅，累积了不少烹调经验，其中又以"焦蒸鹅肉"、"二鲜面汤"、"油炒血粑"和"酸椒炒杂"最脍炙人口，号称"鹅菜四绝"。"蒸鹅"食不腻人，余味无穷，兼能清肠理气，补肝健胃，尤受欢迎；"血粑"呈暗红色，外脆里嫩，香气袭人，是下酒好菜；"炒杂"中有肫、肝、肠、心，酸中透甘，辣里溢香，别有一番风味；"面汤"则是用鹅汁下面，皮滑肉烂，汤清带甘，老少咸宜。

烧鹅是香港的名菜之一，此法出自浙江宁波，一向与北京烤鸭并称，故谚云："北有燕京烤鸭，南有宁波烧鹅。"这烧鹅的炉子，是用去底倒扣的大圆水锅制成，四周以砖块围实，烤好的鹅酥糯鲜嫩，不油不腻，美味可口，细嚼鹅皮，特别有味。我曾在香港吃过一回"岭南片皮鹅"，吃前厨师先把烧鹅的皮片成二十四件上席，然后再上鹅肉，皮酥脆甘香，肉滑嫩鲜美，能各尽其妙，且一鹅两吃，印象很深刻，现仍难忘怀。位于淡水老街上的"梁记"，原有"一鹅三吃"供应，滋味还真不错，而今已成绝响，诚为食林憾事。

名作家周作人在《烧鹅》一文中指出："鸭虽细滑，无乃过于肠肥脑满，不甚适于野人之食乎。但吃烧鹅亦自有其等第，在上坟船中为最佳，草窗竹屋次之，若高堂华烛之下，殊少野趣，自不如吃扣鹅或糟鹅之适宜矣。"有人形容周老并不是个讲究吃的人，他谈吃的文章之所以耐赞，绝不在于谈吃本身，而是在于他的谈吃，其实就是他对待生活的态度。读了以上这则，内心中的体悟，似乎更加深了。

鸳鸯炙颇煞风景

有人形容焚琴煮鹤，乃大煞风景之事。其实，烹食鸳鸯，其罪不在棒打鸳鸯之下，甚至尤有过之。毕竟，拆散好端端的一对，常人尚可接受，一旦烧烤而食，即使其味甚美，亦会引起非议，责难随之而至。

鸳鸯为名贵珍禽，常栖息内陆湖泊及山区溪流中，飞行力颇强，每比翼双飞。它之所以得名，真的很有意思，由于雄鸟的鸣声好似"鸳"，雌鸟的鸣声很像"鸯"，于是合称"鸳鸯"。加上它们总是成双成对，游则并肩，飞则比翼，睡则交颈，亲密无间，形影不离，故有"义鸟"之名。例如《古今注》即写道："鸳鸯，水鸟，凫类。雌雄未尝分离，人得其一，则一者相思死，故谓之义鸟。"

千百年来，人们咏颂鸳鸯，借鸟寓情，表达了对忠贞、忠诚、爱情及幸福的向往和追求，遂使卢照邻的《长安古意》诗"得成比目何辞死，愿作鸳鸯不羡仙"成千古绝唱，吟咏不绝于耳。

然而，翻开古籍史料，最有名的一则吃鸳鸯，却出自以清雅著称的《山家清供》，作者林洪写着："向游吴之芦区（今苏州），留钱春塘，在唐舜选家持螯把酒，适有弋人（即猎人）携双鸳至。得之，焌（把已熟而冷了的食物再温），以油爁（音览，即炸），下酒、酱、香料煨（音育，即热）熟。饮余吟勒（即倦），得此甚适。诗云：'盘中一箸休嫌瘦，入骨相思定不肥。'"将雄鸟吃掉，留雌鸟独活，且以"相思"入诗，不是大煞风景是啥？

烧烤小鸟而食，西周时期即有，当时称为"雏烧"，宫廷以为常馔。郑玄在《礼记·内则》中注释得很明白，指出："雏，鸟之小者。烧熟，然后调和，故云雏烧。"《山家清供》所载的"鸳鸯炙"，其法即是如此，显然古风重现。

又，古人食用鸳鸯，多作食疗之用，而且能治相思及增进夫妻情感，简直匪夷所思。例如唐代的《千金食治》载：鸳鸯"味苦、微温、无毒，主瘘疮。清酒浸之，炙令热，以薄之（敷之）；亦炙服之，又治梦思慕者"。宋代的《类症本草》卷十九"鸳鸯"条下记："清酒炙食，治瘘疮；作羹臛食之，令人肥丽。夫妇不和者，私与食之，即相爱怜。"说得玄之又玄，无奈行家不信，李时珍就是如此。

明人李时珍的《本草纲目》，在治疗"五痔瘘疮"的药方里，即表明用："鸳鸯一只，治如常法（即像平常那样，先行煺毛洗净），炙熟细切，以五味，醋食之；作羹亦妙。"可见此帖可以烧炙蘸醋而食，而且还能制成羹汤，在吃法上，堪称比较多元，具有同等疗效。

鸳鸯羽色绚丽，当下赏鸟者众，引发不尽相思。贪图口腹之欲，实非高士所为，如果为了食疗，最好找替代品。果能如此，必能皆大欢喜，天地充满生机。

夜半喜闻烧鸟香

　　小时候虽常搬家，多半住在中、南部。记得每次逛夜市，总会发现现烤的麻雀摊子。但见整治干净的麻雀，或两只、或三只，用竹签串定，边烤边涂酱，一直烤到色呈焦黄、阵阵香气窜出为止。这种摊子很热门，常被人潮包裹住。我当时个头小，常在里头挤呀挤，能弄到一串吃，绽放出的笑容，比阳光还灿烂。而今的夜市，已看不到此景此食，莫非是人们鸡鸭鱼肉吃多了，已不时兴吃"野"味啦？

　　麻雀有害庄稼，吃它问心无愧。想当年，稻浪金黄时节，雀鸟一波接一波，吱吱喳喳叫不停。望着无助的稻草人，恨不得把这群害鸟，一只只地往嘴里送。或许基于这个心理，人们吃起来更带劲儿，毫无任何心理负担。

　　其实早在西周时，即吃烧小鸟，当时叫"雏烧"，宫廷常食用，后逐渐失传。幸而礼失求诸野，此法保留东瀛，后又传至台湾。因此，我小时吃的烤麻雀，即是古风重现，东风南渐。

　　目前台湾专卖烤麻雀的店家，首推位于台南市民族路三段上的"姚记烧鸟"。据说该店创于台湾光复之初，而且是"中日合作"，目前已由第三代经营。其所使用的麻雀，系鸟贩每天从屏东、高雄、新营、台中等地送来的光鸟（即除毛者），然后动手破肚剪爪，整治干净，接着两只一串，以竹签贯穿，以备烧烤。

烧烤好吃关键，首在火候拿捏。不仅要入口即酥，而且不能有焦味。欲见真章，一试鸟头即知功夫是否到家。须酥而不烂，且爽糯兼具，才算得上是上品。

其次则是酱汁。姚记第三代传人曾透露其主要成分，乃是好酱油加冰糖、高汤等，以一天的时间微火焖煮，至于其他的天然香料配方究竟如何，他则笑而不答。只称麻雀烧烤后，整串浸在酱汁中，料吸足即享用，趁热快食，风味至佳。

这个蕞尔小店，也挺特别的，当夜幕低垂，许多餐馆、小吃摊陆续打烊收拾之际，它才开市，到午夜时分收摊。我每冬夜至此，手抓串烤烧鸟，由头吃起，渐及其身，吃罢再食，须臾而两鸟尽。有人则喜夏夜吃，搭配着啤酒品，据说风味颇佳，倒是无缘一试。

"奇庖"张北和自从知道我爱食麻雀后，常以雀馔相招。印象最深刻的一次，应是数年前的某个冬天晚上，寒流来袭，全身瑟缩。张氏则意气风发，抖擞着精神料理。但见整治浸料过的麻雀，一一下锅油炸，阵阵肉香逸出，顿感饥肠辘辘。接着再炸松子，略微熟即捞起，粒粒晶莹黄亮。最后则炸虫草，只只乌黑泛光。

待品尝时，张氏告以除鸟喙外，全鸟皆可食用。他先示范吃法，我们纷纷仿效。先将鸟嘴咬去，夹起数粒松子，一口咬下头颈，两者嚼至糜烂，果香雀香竞合，然后徐徐咽下，余香仍绕喉间，此际一口白酒（注：喝的是桂林三花酒），真个通体舒泰。接着夹些虫草（注：即冬虫夏草），与雀身同时纳肚，肉香药香交融，感觉无比惬意。只觉得片刻间，整大盘的麻雀，都已荡然无存，徒留不尽思念。

我目前住顶楼，每日黎明时分，就闻雀声不断，愈近秋天愈甚。听广东人常说："秋风起兮三蛇肥。"其实，这个时节，不光蛇肥，麻雀也是胖嘟嘟的，不拈个几串吃吃，未免辜负此一天赐珍物！

百鸟朝凤堪壮阳

早在十余年前,有大陆名厨来台献艺,重现汉代马王堆"养生方"食谱。我细观其内容,发觉一道名"杜仲炮金合"的有意思,它是以温补肝肾的杜仲与佐料,塞进强精圣品之一的鹁小腹中,再以类似叫化鸡手法煨制而成,据说此馔"对于肾虚腰痛,甚至现代高血压,都有一定的帮助"。

我以往在香港的中餐馆内,吃过一款焗禾花雀,和这道杜仲炮金合比起来,实有异曲同工之妙。做法是先把禾花雀治净,以姜汁、酒、糖、生抽腌个十分钟,接着将鸭肝肠切成小料,每雀肚塞进一料,摊开一大片猪网油,置禾花雀于其上,加适量芫荽、葱花,然后将其包成粽状,放进铁锅内,加盖焗至网油变焦黄色即成。此制法与江苏武进的"黄雀塞肉"神似,只是后者采用炸的形式制作而已。

网油能抗阻过高的热力,它是不能吃的,揭开网油而食,雀肉至鲜至美,入口之所以甘香,全仗鸭肝肠吊味。

"雀性极淫",号称能"益阳道,补精髓"的禾花雀,其实不仅可登大雅，而且还可弄成奢食，据《明稗类钞》上的记载，明代权臣严嵩之子，官至工部左侍郎、无恶不作、饮啖极尽豪奢能事的严世蕃，姬妾甚多，心烦力绌，穷于应付。家厨为使他"威而刚"，乃挖空心思，制作壮阳美馔，命名"百鸟朝凤"。

此菜的制法为，取百只禾花雀之脑，塞入白鸽肚内蒸透，因雀脑及鸽脑蕴有奇香，不但挑逗味蕾，且能"补精益髓"，世蕃日日食此，战力充分发挥，遂成食林奇谈。

金奖奇庖张北和善烧鸟菜（斑鸠、鹌鹑、麻雀等），知我亦爱食雀，特地弄来百只禾花雀，先吃炸（配炒松子吃，极妙）、蒸（肉细而美，嫩极而鲜）、卤（配冬虫夏草吃，真美馔也）这三种门味后，最后再上一道让人惊艳的好菜，果然功力非凡。

此菜仿"百鸟朝凤"制作，而更见巧思。其做法乃将五十只麻雀（注：每只鸟嘴都衔着一只冬虫夏草）塞入乌骨鸡内，然后把鸡塞到猪肚里头，下垫淫羊藿、巴戟天等壮阳草药，旁置五十只雀身，以武火蒸透，再用慢火续焖，历六小时而成。

待端上桌来，先饮醇和而甘、不带丝毫药味的上汤，饮毕，将猪肚从中剖开，鸡与鸟首一一呈现。大啖鸟头，馨香四溢，然后依己好裔切鸡肉或猪肚，肉软而不烂，酥糯有嚼劲，端的是美味，滋味永难忘，乃鸟菜的经典之作。

名作家李昂得与此宴，食罢大为兴奋，撰文盛赞此菜，并誉张氏为"食神"。张氏经此力捧，居然谷底翻身，由先前"歪厨"、

"怪厨"式的离经叛道，扭乾转坤，导之使正（注："老盖仙"夏元瑜曾送其"全台第一"匾额），整个改头换面，纵横食坛十年，这种特殊际遇，让人啧啧称奇。

血肠本是帝王食

约十五年前，日本曾发生一件耸动的桃色事件，原来当时的大阪知事横山，因常伸出禄山之爪，导致下台一鞠躬。据报载，他老兄胆子真不小，还敢吃太子妃的豆腐哩！

性骚扰的代言人，是鼎鼎有名的安禄山，史称他身体肥胖，"腹垂过膝"。在唐明皇之前，以"应对敏给，杂以诙谐"，常受到皇上关爱眼神，竟一人担任平卢、范阳、河东三镇节度使，兼领御史大夫，统领兵马十五万，炙手可热，并世无双。

安禄山之所以能上下其手，乃是趁拜谒"干娘"杨贵妃之便。安禄山有一年过生日时，唐明皇及杨贵妃皆厚赐衣服、宝器及酒馔。三天之后，唐明皇听到后宫欢笑，乃问左右何故，告以贵妃娘娘在"洗禄儿"（即用锦绣大巾裹起光着身子的安禄山，使宫人用彩轿抬出）。唐明皇觉得有趣，忙赶去瞧热闹，出手大方，不但赐杨贵妃"洗儿金银钱"，还厚赐安禄山，大家尽欢而散。安禄山从此自由出入宫禁，或与贵妃对食，或通宵不出，即使有些"丑闻"，唐明皇亦不疑，宠爱到无以复加。

据《太平广记·御厨》上的记载，唐明皇喜食新鲜鹿肉，每次擒获幼鹿，随即割喉取血，灌入加热煎熬洗净的鹿肠中，待放凉后，切片置鹿汤内，煮熟而食，滋味极为鲜美，特赐名为"热洛河"。曾将此一美味，赏给宠臣安禄山及西平郡王哥舒翰享用。由于这种吃法前所未见，应是唐明皇或其御厨发明的玩意儿。

"上之所好，下必从之"，热洛河从此流行于宫廷及民间，成为后世血肠之鼻祖，只是食材换成猪罢了。

满洲人信奉萨满教，在祭祀的过程中，全用猪为牺牲。

依《满洲祭神天典礼·仪注篇》的说法，在萨满祭祀过程中，"司俎满洲一人，进于高桌前，屈一膝跪，灌血于肠，亦煮锅肉。"这锅肉又称"福肉"，是清水煮猪肉，不加酱盐，以示虔诚。血肠则切片下肉汤内煮熟，与肉一块儿享用，此即后世酸菜白肉血肠锅的由来。

而今专售白肉血肠的，以清光绪年间，满人白树立在吉林省老白山下创立的"老白肉馆"，所制作的最有名。其血肠系先将猪血肠加精盐、醋等搓洗干净。然后澄清猪鲜血，倒出上层血清，添入猪血量四分之一的清水及若干精盐、砂仁、桂皮、紫蔻、丁香等合制而成的调味面，并搅拌均匀。把猪肠的一端用绳扎紧，从另一端灌入猪血后，亦扎紧肠口，入沸水锅内，以小火煮至血肠浮起时，捞入冷水中凉透，切成三公分薄的圆片，放入漏勺在沸汤中焯透取出，置汤碗中，加葱花、姜丝、香菜、酱油、胡椒粉、麻油、肉汤汁，即可与煮透去骨的白肉，一起上桌供食。吃时可蘸用韭菜花、豆腐乳、大蒜丁、辣椒油等调成的酱汁。

此菜的特点为白肉软烂，肥而不腻；血肠呈蘑菇状，光亮油腻，清香软嫩。我尚无缘品尝，心中向往久矣！不过，我曾尝过英国的血肠，它是用猪血香肠料泥，加上猪舌、猪瘦肉，以及猪肥肉切丁制作完成的，不用烟熏，纯以水煮，虽稍带腥味，却很有口感，滋味还不错。若有兴趣试，应会惊喜的。

品尝兔肉鸿图展

　　记得在数年前，看过电视报道，讲到川娃爱美，竞食麻辣兔头。但见整锅火红，不断冒出浮沫，内藏兔头数十，分盛小锅上桌。举桌小姐姑娘，纷纷以筷夹取，张开樱桃小嘴，吃得好不痛快。原来此菜甚妙，可以养颜美容，难怪她们不顾形象，只为能够美得冒泡。不知《诗经》中的"有兔斯首,燔之炙之"，是否就是这个场景？

　　基本上，兔子可分为野兔和饲养的家兔。野兔尚可分成野兔类和穴兔类两种。只是野兔的体型比穴兔大，脚也来得长些。经证实，家兔的原种是穴兔，约在 11 — 12 世纪间，由西欧人培育成功。当时饲养兔子的目的，首在取用兔毛和兔皮，吃其肉尚在其次。

　　由于兔肉的脂肪多为不饱和脂肪酸，且其类脂质中，所含胆固醇极少，食后非但不会使人体发胖，反而能令人体发育匀称、窈窕、皮肤细腻。加上它的结缔组织少，肉质细嫩，易于消化吸收，尤适合老人家和小孩食用。故古今中外，皆爱食其肉，寝其皮，而且乐此不疲。

一般而言，家兔与野兔不论在肉质和风味上，均颇有不同。前者色呈粉红，肉质类鸡肉而更嫩，只是味道轻淡，好在没有腥气；后者在获致后，无法立刻放血，故其色带赭红，妙在野味十足。因而在料理时，西人喜用奶油清炖或蒸食家兔，有时会在全兔的肚内填馅，再整只烧烤。至于料理野兔，则用红酒炖煮，借以杀其腥味，亦会以兔血制成的酱汁炖煮，目的在提味增鲜。当然啦，烧烤必野趣十足。

至于华人烧兔的手法，早就十分拿手，远非西人可及。

明朝时，已在前人烹兔的基础上，发展出油炒兔，其法为："先取锅熬油，入肉，加酒水烹之。以盐、蒜、葱、花椒调和。"此后，朱彝尊的《食宪鸿秘》，更有"兔生"一味，即承其遗绪。其制法乃将野兔去皮毛、内脏、骨，取肉切成小块，用米泔水浸捏洗净，再用酒脚浸洗漂净，沥干。生葱切碎。锅中盛油，旺火烧滚，依次下兔肉、大小茴香、胡椒、花椒、米醋，翻炒拌匀，肉熟后酌加食盐，随即起锅装盘。有趣的是，此菜名为兔生，实为油爆野兔，添加不少佐料，味更浓郁适口，是宴请宾客的上等佳肴。

除以上的做法外，《调鼎集》亦载有麻辣兔丝、兔脯、白糟炖兔、炒兔丝四味。烧法各异，味出多元，果真不是盖的。

至于食兔头的好处，据《古今医统大全》在"兔头饮"的记载，即把兔头去皮毛，洗净，沥干。锅中盛入清水，加豉先煮至沸，下兔头，煮至熟烂为度。起锅前可酌加盐及五味佐料。

其疗效是"治消渴、烦热、躁闷"，如能去此三者，想不容光焕发也难。

俗话说："飞斑走兔。"号称"食品上味"的兔肉，其味之美，足以与斑鸠一较短长。值兔年而享用该等佳味，应可鸿"兔"大展，整年大有可为。

虎年美食龙虎斗

　　古人是吃老虎的，像武松在景阳冈打死的那条大虫。当皮剥完后，那些虎肉，应全祭了人们的五脏庙。而今，老虎日渐稀少，据正式的统计，全世界剩不到七千只，早就被列入保护类动物，严禁猎捕。所以，现在想吃个虎肉，无异缘木求鱼，只是痴心妄想。

　　老虎既已不能吃，在此且谈谈以老虎命名的佳肴——"龙虎斗"，让大家过过干瘾。

　　以"龙虎斗"这菜名著称的，在中国共有两处：一在岭南地区，另一则在湖北沙市，前者是用蛇肉与猫肉合烹而成，取猫肖虎、蛇似龙之意。据说其补益甚大，因而大受两广人士的欢迎。不过，大多数人闻食猫而色变，以致流行范围不广，且多在特定的地方才吃得到。至于后者的来由，则大异其趣，不完全是表象意义，而是另有一段精彩绝伦的故事，内容相当有趣。纵属虚构，但饶兴味。

　　话说在春秋时，楚国令尹（即宰相）斗越椒造反，率军将国君庄王追至清河桥旁。庄王只好过河拆桥，负隅顽抗。大夫香伯率兵勤王，双方人马隔河对峙。香伯帐下的勇士养由基，是军中有名的神射手，而斗越椒本人亦善射，身手亦甚了得。于是展开一场比划，过程惊心动魄。

双方约定隔河互射三箭，斗越椒贵为宰相，自然由他先出手，他接连两箭，都被对方避过，第三箭又被张口咬住，王师欢声雷动。斗越椒无奈，只得依协议由养由基回射。养由基运用心理战，先放两次空弦，然后再放冷箭，结果一箭中的，射死了斗越椒。叛军见主帅阵亡，个个丧失斗志，纷纷弃械投降。

王师大获全胜，班师还朝之后，庄王大宴群臣，犒赏三军。席间，他对养由基说："爱卿与斗越椒比箭，真是一场龙虎斗。"厨师听说后，便烧一道新菜奉上，庄王从未吃过，笑问此乃何菜，回说是"龙虎斗"。庄王听罢，龙心大悦，随即厚赐厨师，此菜因而传下。两千多年以来，经历代厨师不断改进，终成荆楚名菜，目前则以沙市所制作的最精，名播四方。

这款名菜是以鳝鱼及猪肉为主料，先将鳝鱼洗净，在其肉上，刺"人"字花纹，抹上太白粉，另将猪肉剁茸镶在其内。斜切成段，经走油后，再注入鸡汤，加调味料勾芡即成。其味肉香鱼鲜，酥脆松嫩，历来即是鄂省筵席上的大菜，如再搭配白酒而食，更能兴"养由基一箭定天下"的豪气。

尝鲜

一行白鹭上青天

郑和在沉寂近六个世纪后，开始扬眉吐气。其下西洋的事迹，渐受世人的关注与广泛讨论。有趣的是，与他那无敌舰队并称的黑鱼，亦呈多种面貌，引起广大回响。

据明人费信《星槎胜览》上的记载，当三宝太监率领舰队放洋时，特地带了离水仍能存活很久的黑鱼，专供船夫食用。此鱼繁殖力极强，因而遍布南洋各地。

数百年后，南洋到处都有黑鱼上市，马六甲至今仍称其为"郑和鱼"、"三宝公鱼"。此后，南洋一带的华侨，再把它传播至北美洲，并成为那里华侨常吃的鱼类之一，一些老外也嗜食此鱼，称之为"唐人鱼"。

又被叫为乌鱼、生鱼、财鱼、活鱼及乌棒的黑鱼，古名蠡鱼、土步鱼，生活于水草茂盛及浑浊泥底的水域，生性凶猛，嗜食它鱼的卵及鱼苗，是有名的害鱼，中国人自古即捕食之，其肉质厚实紧密、爽中带嫩，而且刺少。而在烹调时，必采现宰现杀方式，清代土话叫"活打"。现以北京菜的"鸡汤鱼卷"、仿膳菜的"抓炒鱼片"、豫菜的"葱椒焆鱼片"及浙菜的"红焙鱼片"等较有名气，但均远远不及扬州菜的"将军过桥"及由其所衍生的"一行白鹭上青天"。

"将军过桥"是名厨王春林在20世纪30年代创制的，即鱼肉做成炒鱼片，鱼骨、鱼肠烧成汤的一鱼两吃。味道既美，而且经济实惠。至今，扬州最被人称道的黑鱼佳肴，反而是"菜根香"的一鱼三吃，尤其是第三吃的黑鱼骨汤（又号"一行白鹭上青天"），更令人拍案叫绝。

此菜乃一大碗汤，横其中者为剩余的骨头，然连首带尾，宛然一条鱼。汤色白，状略稠，汤上漂了一行新鲜豌豆，不过十余粒，整然有序，如一串雁行，饮罢，不浓而极有味，鲜美无比。其妙在烧制的时间不长，于鱼骨未酥时，其味已入汤中，甚感清气逼人。此一行豌豆，作用在点缀，目的在增其色泽，增添几许清气，绝不至成喧宾夺主之势。

散文大家余秋雨的老师唐振常云："一行白鹭上青天，自然是文人命名。此菜可食，此名可爱。虽得来可爱，然不流于刁钻古怪。当然也有缺点，就是看其名而不知为何菜。"他并说，如此强为解释，"自知不免过迂"；但此举坦白可爱，"不是随人说短长"。

黑鱼虽为江南人士眼中的珍品，但道教徒视它为"水厌"，竟相戒不可食，真是暴殄天物。其实，早在清代时，袁枚在《随园食单》中即写道："杭州以土步鱼为上品。……肉最松嫩。煎之，煮之，蒸之，俱可。加腌芥作汤，作羹，尤鲜。"显然他老人家是极爱此味的。严格来说，不光杭州人嗜食此鱼，苏州人亦特重黑鱼，上海人何尝不是，一旦提起它，必眉飞色舞。

不过，苏州主要的烧法，则为清炒、椒盐、糟溜等多种，不同他处。名作家汪曾祺乃江北高邮人，当地的吃法为氽汤，加醋、胡椒。他本人形容得真好，"鱼肉极细嫩，松而不散，汤味极鲜，开胃"。看到如此描绘，就想如法炮制，一次吃它个够。

苏轼烧鱼有本事

北宋大文豪苏轼不仅文采斐然，而且擅制美食。当他谪居黄州时，除了研发出好吃的红烧猪肉外，对煮鱼羹也极有心得，深谙其中窍门。其方法对后世不无影响，值得深入探讨，借以一窥堂奥。

《东坡志林》上说，苏轼谪居黄州城外的"东坡雪堂"时，因为生活拮据，便常亲自下厨，既煮鱼羹解馋，也与客人同享，"客未尝不称善"。想必是人在穷困时，周遭的穷朋友也将就些，并不怎么挑嘴，反而较易满足他们的口腹之欲。等到后来出任钱塘（今杭州）太守，虽遍尝各式各样的山珍海味，但其厨艺尚在，功夫不曾荒废。有一天，他和老友仲天贶、王元直、秦少章这三人相聚，忍不住技痒，"复作此味"。结果，"客皆云：'此羹超然有高韵，非凡俗庖人所能仿佛。岁暮寡欲，聚散难常'"，于是"当时作此以发一笑"，其自得之情状，流露于文字间。

所幸《苏轼文集·杂记》内记载了苏轼的煮鱼法，其做法为："以鲜鲫鱼或鲤鱼治斫，冷水下，入盐如常法。以菘菜心（即用拣好的黄芽白）苇之，仍入浑葱白数茎，不得搅。半熟，入生姜、萝卜汁及酒各少许，三物相等，调匀乃下。临熟，入橘皮线。"也就是说，把新鲜鲫鱼或鲤鱼洗净去鳞后，放在盛冷水的锅里，和平常一样加盐；再添入黄芽白和葱白数段一起下锅煮，要彼此分明，不使其杂乱。接着把少许已拌匀之生姜片、萝卜汁和酒一起倒入锅内，等到鱼快烧熟时，再加点橘皮丝即成。

这鱼烧好后的滋味如何？大老饕却卖个关子，不肯痛快讲出来，轻描淡写地只说："其珍食者自知，不尽谈也"，把人的胃口吊个十足。不过，我想此菜的好吃与否，关键在于火候，只要拿捏得宜，绝对好吃得紧。至于是否对味，那就很难讲了。毕竟，"食无定味，适口者珍"。

又，宋人陈元靓所撰写的《事林广记》，有"东坡脯"一则，虽以鱼肉制成，却像用油煎熟。其制法为："鱼取肉，切作横条。盐、醋腌片时，粗纸渗干（即用粗糙的纸吸干水分）。先以香料同豆粉（宋人常用绿豆粉）拌匀，却将鱼用粉为衣，轻手捶开，麻油揸过，熬熟。"而今重达数斤或数十斤的大鱼中段，经常用类似的手法烧制。只是它是否由苏轼所发明，实有赖学者专家去查证了。

形丑味妍昂嗤鱼

在未期待之下，能享受到美食，堪称人生一快，而此美好体验，竟无意中得之，此中的大乐趣，妙处难与君说。

初尝昂嗤鱼时，我的深刻体会，即是如此。

周庄号称"中国第一水乡"，在整个园子里，凡卖河鲜店家，几乎都售此鱼，但他们的餐牌，却写着"昂刺鱼"或"昂子鱼"，而且养在水族箱内，貌不惊人，甚至丑怪。然而，一旦尝过其味，将有"以相取鱼，失之昂嗤"之叹。

其貌不扬的昂嗤鱼，头扁嘴阔，无鳞，皮色黄，乍看之下，还有点像鲇鱼，只是身上有浅黑色且不规整的大斑。虽无背鳍，但背上有根硬而尖锐的骨刺，用手捏这刺儿，就发出"昂嗤昂嗤"的细微声响，它之所以得名，或许由此而来。因此，叫昂刺尚说得过去，叫昂子就莫名其妙了。至于它的学名叫啥，恐怕只能向鱼类专家请益啦！

这鱼顶多七八寸长，遍布水乡泽国中，其价甚贱，甚宜氽汤，在斩件切块后，不必加醋料理，汤白好似牛乳，真是所谓"奶汤"，其肉极细嫩，小刺儿不少，须耐心细品。大陆知名的文学大家兼美食家汪曾祺对昂嗤鱼颇具好感，指出其"鳃边的两块蒜瓣肉有拇指大，堪称至味"。我在游周庄时，点两尾鱼氽汤，依其言咀嚼之，的确细腻柔滑，一次而尝四块鳃边肉，这种快乐劲儿，笔墨难以形容。

后来又在巴城、杭州等地食肆，品尝用梅菜（即霉干菜）红烧的，肉质转硬，鲜味尽失，远不如清氽得味。看来这种鱼儿，简单料理即可，居然大费周章，效果反而不彰，一点意思也没有。

炙鱼变身鱼藏剑

据《吴越春秋·王僚使公子光传》的记载，公元前515年，苏州城发生了一场惊心动魄的宫廷政变。任谁都无法想象，引爆这场政变的导火线，居然是一顿色香味形触俱臻一流的炙鱼大餐。

话说吴国的公子光不服其兄僚（史称王僚）乘虚即位，当上国王，一直想取而代之。他深知王僚爱吃炙鱼，便商请伍子胥物色一个刺客借此行刺。伍子胥找来与王僚有杀父大仇的勇士专诸，并安排他到太湖边，向炙鱼高手太和公习艺。经苦练三个月，完全掌握诀窍。又为方便第一时间下手，更铸一柄短剑，可藏于鱼腹中，史称"鱼肠剑"。

待一切布置妥当，公子光邀请王僚，谓已准备好出类拔萃的炙鱼，王僚欣然赴宴，专诸以大厨身份献鱼。王僚闻得鱼香，准备大啖之际，专诸抽出短剑，给予致命一击。公子光乘乱登基，即是后来赫赫有名的吴王阖闾。

而当时的炙鱼法为：取用太湖中肥壮白鱼，鱼肚内塞满内馅，加调料腌制，上火慢慢炙熟，只要烧炙得法，滋味绝佳，诱人馋涎。

此菜自传入清宫后，烧法大异其趣，尤见精巧细致，改名叫"鱼藏剑"。只用去骨去皮的大鳜鱼（即桂鱼）片，把洗净的黄瓜切条用盐略腌，卷在鱼片中，先置于碗内，以料酒、精盐腌妥，再蘸上用鸡蛋清与玉米粉搅成的糊，下锅炸至金黄。鱼的头、尾亦分别蘸糊炸透，然后将鱼头、鱼卷及鱼尾整齐摆在盘上，宛若一整条鱼，末了，勾以酸甜芡汁，浇在鱼卷之上即成。以鱼肉细嫩，无刺无渣，焦香脆滑，甜酸适口而声名大噪。

据说此菜为御厨王玉山（注：后为北京"仿膳饭庄"的开山名厨）之父首创，王父亦担任御厨，在献此菜给慈禧品尝时，慈禧已知其来历，便当面质问他说："专诸为刺王僚而烧此菜，你现做此菜给我吃，胆子可真不小哪！"王跪禀道："老佛爷洪福齐天，吴王僚之辈无福享受的佳肴，老佛爷享得，岂是吴王僚可以相比的呢！"慈禧闻言大喜，在品尝过后，对其美味赞不绝口，遂下令厚赐他。此菜从此流行宫廷，并在清朝覆亡后，成为"仿膳饭庄"的著名佳肴。

话说回来，苏州当地的老菜，仍有炙鱼一味，但已改用大鳜鱼，在腹内藏馅炙熟。其法为取用鳜鱼大者一尾，宰杀治净，加盐、酱油、酒腌制，接着取肉、笋、香菇之末及葱白段，加调料，再塞入鱼肚中，以猪网油包紧，放在涂有麻油的铁丝网内，用炭火炙熟即成。

当下则苏菜及沪菜中，均有炙鱼这道菜，菜名略有不同，称"叉烧桂鱼"或"网油叉烧桂鱼",其做法雷同,均是将整治干净的桂鱼,先用猪网油包裹,外表再涂上一层蛋粉糊,只是前者之鱼先行烤熟,再涂蛋粉糊略烤即成;后者则涂匀蛋粉糊后。直接烤熟即可。据说成菜以色泽金黄,肉嫩味鲜,香气浓郁著称。食毕,益发有思古之幽情。

广安宫前飘鱼香

十多年前，有次到台南出差，特地赶去广安宫，想回味一下久未品尝的虱目鱼粥，孰料"人算不如天算"，微曦时分赶去，竟然宫前冷落，原来搬走多时。一早就扑个空，失望之情难掩。

忆及早年在饕友张君的引领下，首度到此享用早餐。对这座清代建成的小庙，感觉很不起眼，虽谈不上什么规模，但其正前方，却延伸出一方瓦脊的拜亭，算是特色。前头两根圆柱正中，悬一副七言嵌字联，凿痕还很清晰，只是写的是啥，已想不起来了。依稀记得在"广庇民安"黝黯而庄严的匾额下，便是那摊热气直冒、播誉全台的虱目鱼摊了。

这个虱目鱼摊很特别，每天一大早，旁边就有三、五个人在一旁洗鱼刮鳞，那些鱼儿捞起不久，形如银铸，活蹦乱跳，在熟手播弄下，闪闪发出白光，格外引人注目。治净了鱼身后，接着是分段处理，但见切头、去尾、片肚、划背，动作十分利落，并逐一归类放妥。比较令我惊讶的是，油黑乌亮的鱼肠也保留着，它先用水漂净，然后堆放一处。

府城人吃虱目鱼段数之高，光看满地的鱼刺，便可见一斑。我每次在享用时，看对座及邻座的吃友们，将多刺的虱目鱼送嘴，没两下子，即吐出鱼刺一堆，若无其事。幸好咱吃鱼的本事只高不低，故在人丛中怡然自得。不像有些食客，经常左支右绌，明眼人略一瞧，便知外地来的。

而吃的地方，更让人发思古之幽情。四五十张年深日久的高竹脚凳，错落在十张方桌的周围，全都坐满了人。六到八点的热门用餐时段，简直一位难求。不想站着吃的人，只得耐心等候。中午不到一点钟，就已经开始收摊，晚些到的顾客，只能隔日请早。这情景一如北平老字号"和顺居"（砂锅居）的歇后语，"红瓦市中吃白肉"，即"砂锅居的幌子——过午不候"。

此摊的摊主名郑极，善烹虱目鱼料理。其重头戏为虱目鱼粥，一般的做法类似汤泡饭，俟顾客点用时，才将鱼汤、饭、蚵仔等基本食材一块儿煮，米硬粥稀，滋味不显，不是味儿。郑极的粥，考究得多，制作时的第一个步骤是熬粥。其法为用半粥这种煮粥妙法，出自漳、泉二州，当生米煮粥时，米粒尚未全开，趁米浆未迸出，且呈透明状之际，即把煮过的鱼头、鱼肚，以及起肉后的鱼骨一起炖，约煮两小时后，汤汁已浓稠乳白，至逸出清香乃止。其次才是下料。将生米、蚵仔、碎虱目鱼肉一起放入高汤中，煮个二十分钟，就是虱目鱼粥。成品再加葱酥、香菜及肉臊，即是一碗风味地道的美妙粥品，光是嗅其香、观其色，足以令知味之士，猛流口水不止。

有些食客量宏，觉得只吃这碗虱目鱼粥，不饱也不过瘾，这时他们会加根油条搭配着吃。一般都是一口油条一口粥；但有人却喜欢以油条蘸着热粥吃。我个人甚爱前者的吃法。毕竟，其爽脆滑糜互见，食来有层次感，较能相得益彰。

此外，想食高档的，尚有鱼肚粥，其腴滑适口，更胜肉一筹。

想提升吃鱼的本事，就尝虱目鱼头汤吧！十个左右的鱼头，能吮汁吐骨，吃得得心应手，才算过关。不过，我个人最爱的还是那鱼肠汤，看起来黝黑，入口却鲜腴无比，有的人望而却步，我可是每到必尝。因为真正能吸引我的，是味道本身（包含香气），至于形状、颜色、服务、装潢等，只是用来促进或提升滋味的，如果味道真的不济，这些附加的因素，便毫无存在价值。或许有人不认同我这种纯主观式的滋味论，但食者本身，如不具备味蕾的灵敏度，又何从去品评滋味的高低呢？

而今郑极的摊子，已迁往府城公园南路，扩大经营，规模甚伟，取名"阿憨咸粥"，人潮汹涌，不减当年，幸好滋味犹存，仍有可观之处。

江南美味白丝鱼

　　自退休后，一个月内，两赴上海，足迹多在江南，尤其苏州、杭州。在这半个余月，尝过不少河鲜，而重复最多的，则是白丝鱼。其烹调方法，有清蒸的，有白炖的，也有加干菜红烧的，甚至充当西湖醋鱼的主料。手法固然多元，但深得我心的，反而是清蒸，料理简单，滋味隽永，好生难忘。

　　白丝鱼即白鱼，乃硬骨鱼纲鲤形目鲤科鲌属的统称，古称鲌鱼、鳡鱼、白扁鱼。市场最常见到者，为有大白鱼、翘嘴巴等俗名的翘嘴红鲌。它们生活于江河湖荡中上水层，主要分布在中国东部平原的水域中。每年的 10 — 11 月，为捕捞旺季。显然我去的正是时候，还真有口福。

　　其实白丝鱼就是台湾的曲腰鱼，因为蒋中正特爱，故有"总统鱼"的美誉。据《调鼎集》的记载：此鱼"身窄腹扁，巨口细鳞，头尾俱向上，肉里有小软刺"，简单数语，对其形状特色，可谓描绘传神。至于其烧制方法，则有蒸、熏、炸、醉、烩糟、面托及白鱼圆等多种，但台湾的吃法，有别于大陆，除清蒸外，以煮姜丝汤、用豆瓣烧及红烧，尤为饕客所爱。

白丝鱼的风味，虽然不如鲥鱼腴美，但其细腻、甜质、带点清香的食味，绝对不在野生鲈鱼之下。

《调鼎集》又指出："白鱼肉最细，用糟鲥鱼同蒸之，最佳。或冬日微腌，加酒酿糟二日，亦佳。"我有幸吃到纯以清蒸制作的白鱼，对其鱼肉洁白、细嫩鲜美，以及汤汁清淡可口，赞叹再三。可惜另两种加料的（即糟鲥鱼和酒酿糟），倒是无缘一试，盼能异日圆梦。

鱼中美者数鮰鱼

洄游于江淮间的鮰鱼，以秋季最为肥美，名曰"菊花鮰鱼"，肉质鲜美、滋味醇厚。苏轼居扬州时，颇嗜此鱼，曾赞美道："粉红石首仍无骨，雪白河豚不药人。"说它似石首鱼，肉多而无刺，又美如河豚，味美而无毒。可谓对它推崇备至。

美食家唐鲁孙曾谈到他三次吃鮰鱼的经验，一次是在江苏泰县（今为泰州市姜堰区），是以白地青花三号海碗盛出的"冬笋烂鮰鱼"，"无头截尾，好像一碗走油蹄髈"，滋味则"咸淡适度，肉紧且细，芳而不濡，爽而不腻"；再一次是去位于汉口市的"老大兴馆"，由主厨刘开榜亲炙的"鮰鱼席"，煎、炒、烹、炸、蒸、汆、炖、烩俱全，"郁郁菲菲，众香发越"，"甘鲜腴肪，味各不同"，他本人最中意的，乃用鮰鱼的内脏与豆腐同烧的"鱼杂炖豆腐"，座中客曾连尽三碗。另一次则是由武昌四大徽菜馆之一的"太白楼"的头厨苏万弓整治，主菜为红烧、白炖鮰鱼各一大钵，前者"膏润芳鲜"，后者"琼卮真味"，末上"鮰鱼荠菜羹"，鱼肉"用鸡汤一汆，勾芡加白胡椒、绿香菜，另附油炸的尺许鮰鱼细粉丝一盘，呷羹时可以和入，听客自取"，这席"妙馔"，一直令他"回味醇醇"。

唐鲁孙又云："台湾没有看见过鮰鱼。"这话在十年前的确不假，而今可吃得到，只是还不够肥，一天供应六尾，迟去绝对向隅。

事实上，鮰鱼并非本名，因为大家叫习惯了，原名的"鮠鱼"反而不显。其学名为"长吻鮠"，古称鮇、鱯、鮾等，又有白吉、江团、肥沱等俗名，体裸露无鳞，肉多刺少，号称"鱼中之美者"，是有名的"长江三鲜"之一，上至四川，下至江苏均产。至于淮河中游所产者，另有一个华丽的名字，叫"回王鱼"。其鳔可制成鱼肚，极为名贵。

此鱼在宋代已被列入佳品，明代文献称："河豚有毒能杀人，鲥鱼味美但刺多，鮰鱼兼有河豚、鲥鱼之美，而无两鱼之缺陷。"所言倒是不假。选用时，以二三斤重者为佳，由于鱼体黏味腥，烹调前必须焯水，此为好吃与否之关键所在。

烹调的方式，长江上游地区爱清蒸，中游地区喜红烧，下游地区好白煮，多半整条为之。近来因其具高温久煮，烫亦不失肉嫩鲜美之特性，切片涮锅子吃，亦觉非常对味。

早年位于新北市新店区中华路的小馆"巷仔内"(后易名"枫林小馆"，现已歇业)，便有鮰鱼供应。彭老板功力深厚，具粤、川菜的底子，他烧此鱼时，用独特手法，采豆瓣鱼烧法，再佐酒酿醋溜，绝无豆瓣死咸，兼且提鲜辟腥，释出缕缕芳甘，十足挑逗味蕾；徐徐送入口中，腴润细腻立化，端的是妙品，其滋味深得我心。

　　近有沪上一行，最后的一餐，选在"福一〇三九餐厅"，点了满满一桌，菜肴罗列于前，好不热闹，其中的"红烧鲴鱼"一味，截去其头尾、仅用中段精华，采浓油赤酱法烹治，鱼略方而隆起，用筷子夹取时，如利刃齿腐朽，在轻微颤动中，白肉似雪而紧，入口细腻滑爽，浓郁芳润而鲜，味道果然不凡，一食意犹未尽。

香鱼烧烤味有余

早年日本料理中的定食，其盐烧野生香鱼一味，不知风靡多少知味识味的食客，而今的定食中，仍有这道盐烧香鱼，但吃来却不对味。此原因无他，因现在的全是养殖货，少了那股特有的瓜香。

台湾的野生香鱼，早年主要分布于新北市新店溪、桃园县大汉溪、新竹县头前溪及苗栗县中港溪与后龙溪等地，尤以新店溪的产量最多。犹记得十余年前，新店大崎脚附近的"东兴楼"，其盐烧的香鱼，便极为出色。不仅尾尾生猛，而且大小合度，加上火候精准，环列白瓷盘中，光是看，就够让人猛流口水啦！

被誉为"淡水鱼之王"的香鱼，属于鳞科的硬骨鱼类，学名叫鳈鱼，是鲑鱼、鳟鱼的近亲。秋天顺流至下游产卵，稚鱼在海里过冬后，翌春开始从海口向江河洄游，秋季溯达上游，并开始产卵，雌鱼大多在产卵后即死亡，只剩少数留在深水处苟活。因肉质细嫩，富含脂肪，烹食香浓，故名香鱼。其滋味之佳，可与松江四鳃鲈、富春江鲥鱼并列，鼎足而三。

香鱼主产于中国闽浙台湾及日、韩等地。日、韩量少而小，质量皆不如前三地。浙江的香鱼，以雁山及永嘉县楠溪所出产的最佳。据清乾隆年间编纂的浙江《雁山志》载："香鱼，雁山五珍之一也。"又云："香鱼香而无腥，初春而生，随时而长，火中焙之，色如黄金，可携千里。"而浙江永嘉县楠溪的香鱼，则成名更早，早在明神宗万历年间，即四方闻名。据清光绪年间纂成的《永嘉县志》记载："香鱼，味佳而无腥，生清流，唯十月时有。"其内附诗一首，云："楠江都是钓人居，柳荫清流一带疏。好是日斜风色后，半江红树卖香鱼。"其盛况可知。

闽、台的香鱼，同出一源。据清乾隆年间编纂的《南靖县志》载："香鱼，为炸甚佳。"而光绪年间修成的《漳州府志》亦云："香鱼，出南靖山溪间，为炸甚佳。"由于南靖县地处九龙江西溪上游，境内山清水秀，河水清澈见底，是香鱼最理想的栖身处。大约每年秋末，九龙江的香鱼大量排卵，漂流至金门附近海域，然后在台湾海峡繁殖成小香鱼；次年春末，小香鱼又成群结队，上溯至故乡九龙江，由此形成一年一度的香鱼汛期。在这段期间内，海内外的游客及钓客，纷纷前来赏鱼或垂钓，带动阵阵人潮。

至于台湾的香鱼，相传郑成功收复台湾后，其部众自九龙江携至新店溪繁殖，为缅怀郑成功，故称香鱼为"国姓鱼"，此说法见于连横的《雅言》。另，《淡水厅志》亦谓此鱼"郑氏至台始有。香鱼产溪涧中，月长一寸至八九月而肥，台北以为上珍"。

日本的香鱼料理法，首推抹盐烧烤。而为使烧烤后的鱼姿态美观，则串成"鱼跃串"。此法为在烧烤之前，先在尾鳍、臀鳍、背鳍、腹鳍上，沾足量的食盐，接着以旺火远隔料理。其妙在能品出它独特的香气，以及清淡的风味，肝、肠尤其是美味所在。

浙江人的熏焙制法，颇饶情趣。置香鱼于炭火上，以文火慢慢熏焙，待鱼体内的香脂渗至体表，整鱼色呈金黄，肉脆而酥，芳香扑鼻之际送口，必"清甜味有余"。

闽、台的烧法雷同，以炸为主。将整条鱼（不弃细鳞）油炸回锅，再配上葱、蒜、姜、醋，作为佐酒之物，香酥无比，带卵者尤佳。难怪日本诗人尾崎大邨尝罢，赞不绝口，赋出"新店香鱼天下魁，银鳞无数压波来。一罾罗得三千尾，向晚溪流唤酒杯"的名句。

台湾的野生香鱼，因未加以保护，产量逐年减少，几已宣告绝迹。而养殖的香鱼，肉软腹腴，肥而且油，滋味差矣。听说日本的养鱼业者，为了让鱼有天然的风味，特地在鱼饲料中，加入适量藻类，甚至在养殖池内下功夫。深盼台湾的业者，也能准此办理，进而超前，使香鱼再度散发"野"味，扬名天下，造福食林。

青鱼头尾超味美

在淡水鱼中，我深爱青鱼，尤垂涎其头尾。清代名医王士雄的《随息居饮食谱》中，谓"其头尾烹鲜极美"，此言深得我心，引为平生知己。

青鱼，一称鲭鱼，其头多软组织，质感腴糯，真有吃头。鳃盖下有一块核桃肉，嫩赛豆腐，更是精华所在。早年上海"和平饭店"的名菜"红烧葡萄"，即单用青鱼头，将它剖成两半，以鱼眼为中心，修成圆形，状似葡萄，因而得名。以十四个为一份，工细料精，誉满中华。此外，上海有道老菜"烧白梅"，专用青鱼的眼窝肉制作，腴滑无双，一吮下肚，大受老饕欢迎，乃不可多得之尤物。

单用鱼头制作，通称"红烧下巴"，以往台湾有规模的江浙餐馆在试厨时，皆要求烧制此菜，即知其烹饪水平之高低。一旦烧得过生、过熟、没有压住腥味或咸淡拿捏不准，显示他的能耐有限，其他就不用再试了。

在制作红烧下巴时，从选好的鱼头侧面，先一刀切对半，再用刀背轻拍数下，力道要恰到好处。如此，下巴烧的时候，才会充分入味，鱼骨亦达酥散可食的最高境界。接着以大蒜在炒锅爆香，反面朝上放入下巴，约焖烧一刻钟，俟其大致入味，即将下巴翻面，浇淋高汤续烧，以大火收成浓汁，最后加点香油勾芡即成。

品尝红烧下巴，搭配些青蒜丝，颇有解腻之功。而好此味高手，常连肉带骨，吃得盘底朝天，末了，再以酱汁拌上白饭，吃到涓滴不存为止。且在老一辈饕客的心目中，烧到极致的下巴，较诸鱼翅和鲍鱼，犹胜个三分。其滋味之佳妙，难怪"临川靖惠王(萧)宏好食鲭鱼头，常日进三百"，可谓知味识味之人。

由于青鱼尾巴上的肉是"活肉"，特别鲜嫩可口，一称"划水"。名菜有上海菜的"烧划水"，成菜酱红亮晶，肥腴鲜美。另有"汤划水"一味，亦是沪菜上品，嗜食者不乏其人。

而将青鱼头尾合烹，名气最大的，莫过于河南开封府"又一新饭庄"的"煎扒鲭鱼头尾"，以"骨酥肉烂，香味醇美"著称。又，坐落上海大陆商场的"老正兴菜馆"，擅长红烧青鱼，尤其是头尾。它的招牌名菜，就是"青鱼下巴甩水"，造型十分美观。其烧制之法为：把两片完整的下巴，置于几条鱼尾两侧，望之有如活鱼浮于水面甩水一般。加上其色泽酱红，肉质腴嫩，味鲜醇厚，更是勾人馋涎，它能驰名中外，成为沪上名菜，绝非幸致。

台湾当下的江浙餐馆，罕见头尾合烹，都是分别料理，仍沿袭着旧名，头的部分称之为"下巴"，尾的部分则名为"划水"。只是有的店家，居然偷懒取巧，先蒸熟再浇汁，肉质尚称腴美，然而全不入味，让人吃在嘴里，只能徒呼负负。

青鱼腹中有珍宝

清代大食家袁枚在《随园食单》的"选用须知"中指出："炒鱼片用青鱼、季鱼"，真是知味之言。其实，青鱼之为用大矣哉，岂止炒鱼片而已。还是名医王士雄看得透彻，表明它不但"可鲙可脯可醉，……肠脏亦肥鲜可口"；同时"鲙，以诸鱼之鲜活者刽切而成，青鱼最胜……鲊，以盐、糁酝酿而成，俗所谓糟鱼醉鲞是也，惟青鱼为最美，补胃醒脾，温营化食"；而最妙的是，青鱼具有"养胃除烦满，化湿祛风，治脚气脚弱"的食疗效果，对其评价极高，冠于河鲜诸鱼之上。

青鱼的头尾固然极佳，但它的中段，更是非比等闲，由于它肉厚而嫩，皮厚胶多，肥美可口，刺儿又少，大受欢迎。例如又称鱼身的中段，可烧制成各式各样的佳肴。整段运用的话，既可红烧、可豆瓣，也可用于熘、炸、清蒸、煎、贴、焖、扒、熏、烤等烹调方法成菜。若用切块制作，则用粉蒸。另能剔骨取肉，制成鱼丸；更能批片、切丝、条、粒及斩茸，做进一步的加工。此外，它尚可搭肉混烧，像搭配咸肉烧制的"腌川"，就是一道津津有味的江浙菜，另，浙江嘉善地区的名菜"青鱼白饼"，真的很有意思，它是用青鱼肉茸加肥猪肉末制成小圆饼，再经煮制而成，远近驰名。

鱼身中段的腹边，古称"腹腴"，软嫩腴润，尤为美味所在，亦会单独取用，烧出顶级珍味，像安徽菜的"红烧肚膛"，湖北菜的"油炖青鱼软边"等，均是饕客耳熟能详的名菜。

青鱼皮亦不能轻弃，湖北的新馔"麻花鱼皮"，即以此制成，鱼皮油润滑嫩，麻花酥脆而香，酸甜可人，非常讨喜。至于客家人的吃法，则是煮至刚断生后，即蘸葱丝、姜茸的酱汁或芥末酱油而食，甚妙。

有趣的是，青鱼的鳞、鳔及卵，亦能入馔。但更特别者为，"肠脏亦肥鲜可口"。其肠俗称"秃卷"，所谓的"卷"，乃因鱼肠加热后会卷曲成环，故又名"卷菜"，它可以烧制成汤，亦能用葱、酱爆炒，食来甚脆，皆为佐酒隽品。但论起我的最爱，反而是"秃肺"，它不是肺，而是肝，此菜通常红烧，腴滑而润，入口即化，端的是妙品。而今在台湾，好食青鱼者日渐稀少，数量因而有限，以致常肝、肠同烧，滋味相当特别，只要烧得够好，管它是肝是肠。

总之一身都是宝的青鱼，值得细品，多多益善。

莲房鱼包有别趣

　　文人雅士宴饮时，少不得诗酒应酬，彼此唱和一番。在这时节，赋诗咏此一日之欢的，多半是些陈腔滥调，不是讲盛会如何难再，便是谈与会人士怎样尽兴，读来有够乏"味"，让人觉得无聊。以下这桩雅事，倒是涤尽凡俗。

　　原来南宋人李春坊在家设宴，美食家林洪亦在受邀之列。他不愿随众起舞，却作诗大赞佳肴，描状绘物寓意，写得十分生动。主人大喜，马上送他一枚端砚及五锭龙墨，宾主尽欢而散。

　　林洪的即席诗云："锦瓣金蓑织几重，问鱼何事得相容？涌身既入莲房去，好度华池独化龙。"诗中所引用的是西王母瑶池中植莲养鱼，其鱼可在华池里修行成龙的神话故事。口彩既好，立意又妙，难怪李春坊乐不可支，慷慨致赠厚礼，传为食坛佳话。

　　此菜构思精巧，做工考究，的确不同凡响。它首先"将莲花中嫩房（指的嫩莲蓬，因莲的外包各以其孔相隔如房）去穰截底（即切下底部的蒂），剜穰留其孔。以酒、酱、香料加活（现宰的）鳜鱼块，实其内，仍以底坐甑（煮物之瓦器，上大下小，底有七孔）内蒸熟。或中外涂以蜜出楪"。换句话说，它是用香料、酒、酱拌好的鳜鱼块，嵌入处理好的嫩莲蓬孔内，蒸熟即可食用。亦可在莲蓬的内外，涂上一层蜂蜜，然后盛盘上桌。

这道菜除中吃外，其摆设也有特色，是"用'渔父三鲜'供之。三鲜：莲、菊、菱汤齑也"。亦即在主菜旁边陪衬的，为打鱼人家常供食的莲花、菊花和菱角这三鲜，均切碎再煮汤。而在享用之时，先食鱼肉，再喝鲜汤。表里内外精彩，可谓相得益彰。

而号称"淡水老鼠斑"的鳜鱼，又称水豚、水底羊、鲚花鱼，"巨口而细鳞，皮厚而肉紧，特异凡常"，有"补虚劳、益脾胃"及"益人气力，令人肥健"的食疗效果。不过，此鱼虽在中国各流域分布极广，唯台湾地区并不多见。诸君想烧这个菜，不妨改用海里各式各样的石斑鱼替代。另，蒸鱼的炊具不拘，即使是用电饭锅，只要控好火候，照样好吃得紧。三伏天为产鲜藕旺季，一旦错过产季，就得寄望来年，幸好干藕亦可代替，只是滋味略逊而已。

砂锅鱼头饶滋味

当下在台湾的中菜馆中，几乎家家必备的佳肴，若论其中的佼佼者，砂锅鱼头这味，确可当之无愧。然而，这道杭州名菜，却在台湾大放异彩，甚且幻化出无数分身，这等离奇现象，也算食林一绝，让人目瞪口呆。

清代美食家袁枚在《随园食单》一书里写着："鲢鱼豆腐，用大鲢鱼煎熟，加豆腐，喷酱水、葱、酒滚之，俟汤也半红起锅，其头味尤美。此杭州菜也。"披露其来历及做法，寥寥数句，明白晓畅，广为后世所取法。

事实上，文中所指的鲢鱼，不一定是指被称为"白鲢"、"鲢子"、"白脚鲢"的鲢鱼，反而是与鲢鱼、草鱼、青鱼合称为"四大家鱼"的鳙鱼。鳙鱼另称"花鲢"、"黑鲢"及"黄鲢"，以其头大著称，故一名"胖头鱼"。此鱼之头风味绝佳，富含胶质，肉质肥润，挺有吃头，有"去头眩，益脑髓"之功。此外，此头除鳃和骨外，无废弃之物。打开鳃盖子，喉边与鳃联结处的"胡桃肉"，嫩如猪脑，甘美无比，尤能令嗜鱼的老饕食指大动，甘之如饴。

至于此菜的由来，蛮有意思。相传乾隆皇帝微服游览西湖时，来到了吴山下，赶巧逢大雷雨，众人无法可想，只好直奔一家小饭店内避雨，饥寒交迫，好不狼狈。店主人王小二见状，只好将店里仅存的半个鲢鱼头和一方豆腐等，烧成一大锅菜，端给乾隆等一行人充饥，个个吃得极香，无不夸其味美。等到乾隆返京，一念及其滋味，每每废箸而叹。乃趁下次南巡，重游旧地之时，特地叫尝此菜，觉得味道仍美，便题了"皇饭儿"三字相赠。大家至此才知道皇上欣赏这个味儿。于是在好事者奔走相告下，吏民争相光顾，生意十分兴隆。王小二从此专卖砂锅鱼头豆腐，成为杭州名菜，竟与东坡肉等名馔齐名。

其实，在制作此菜时，先行将鲢鱼头炸过，只需加冻豆腐、竹笋片、宽粉条与葱、酒、酱，稍微以辣提味，即是无上妙品。不过，经一世纪以来各省菜在台湾交会并发酵后，各路人马，互显神通。鱼头有的用价较廉宜的青鱼、草鱼或鲤鱼，也有用海味的红鲉、鲫鱼、鳕鱼、鲭鱼等，五花八门，目为之眩。尤有甚者，现代人追求时髦，吃时不主一味，喜以料多取胜，除以上的食材外，还会下香菇、青蒜、豆瓣酱、沙茶酱、家乡肉、小肉丸、油豆腐、大白菜，甚至有放鱼板、贡丸或高丽菜者。众味杂陈，虽呼过瘾，终究以紫夺朱，全然不是原貌。

话说回来，我个人所欣赏的，仍是传统的滋味。整锅色呈乳白，外观式样素雅，鱼头滑腴而嫩，鱼肉软中带劲，汤鲜且豆腐爽，香气弥漫四溢，吃时连锅而上。处此氤氲氛围，真个是"别有天地非人间"，"但愿长醉不复醒"了。

马鲛吃巧制鱼羹

　　一名鲯鱼的马鲛鱼，一向是中国东部沿海和南海主要经济鱼种。此鱼《说文》称作鳇鲌，至明代屠本畯的《闽中海错疏》，始见马鲛之名。清代食家李调元在《然犀志》中指出："马膏鱼，即马鲛鱼也。皮上亦微有珠，……其味甚美。出昌化。"

　　台湾出产的马鲛鱼有七种，白北仔（斑点马鲛）和魟鲯鱼（康氏马鲛）尤负盛名，四周海域皆产，栖息范围甚广，属暖水性沿岸型鱼类，性凶猛而迅捷，食性为肉食性。由于其体型较大，市场上很少整尾出售，多半为切块分售。比较起来，鹿港人氏特爱前者，府城居民则偏嗜后者。

　　据传魟鲯鱼为"提督鱼"的一音之转。清圣祖康熙廿二年（公元1683年），水师提督施琅统率战舰三百艘，水军二万，自福州出海攻台。先陷澎湖，进泊鹿耳门。明延平郡王郑克塽出降。当此之时，施琅进住明宁靖王府内，此即今日之"大天后宫"。

　　靖海侯施琅对渔民敬献的马鲛鱼情有独钟，百姓乃称此鱼

· 93 ·

为"提督鱼"，久而久之，以闽南语发声故，走音成"魠魠鱼"，此称相沿至今，成为食林趣谈。

马鲛富含脂肪，鲜肥适口，多半家常食用，洗净即可烹制，江浙一带居民，大都红烧料理，亦能以干炸、软熘、脆熘等方式烧制，同时还可炖汤或煮粥。其肉质黏滑带爽，具特有香味，甚至可以制作鱼丸、鱼面和饺子馅等。台湾人甚爱在切片后，先以文火煎透，再用武火把外表煎至色呈黄褐、口感外酥内嫩之际食用，既下饭又佐酒，堪称人间妙味。

魠魠鱼的产季，约在当年10月至翌年元月间，不到半年，受限时节。自1974年新安平开港后，远洋渔业兴盛，鱼源充足稳定，于是乎府城鱼羹的摊子林立。魠魠鱼在味道及肉质两胜下，终于脱颖而出，成为一款新食，颇受食客欢迎。在推波助澜下，台湾地域不分南北，即使澎湖列岛，亦可见其芳踪，其盛况果非寻常者可及。

魠魠鱼羹吃法虽新，但手法互异，搭配的菜蔬，亦有所不同。且以西门市场内的"郑记"和保安市场前的"吕记"为例，前者将鱼整治切块后，以调料腌渍，俟其入味后，裹以地瓜粉油炸，接着爆香蒜丁，加糖、盐等调料，注清水勾芡，再下大白菜即成。汤头于清甜外，蕴含浓郁蒜香，吃前添加香菜段和五印醋，食来大有风味。后者制法雷同，只是汤头增添柴鱼汁提味，搭配的菜蔬则为高丽菜，其羹鲜清而甘，味走轻灵亦为佳构。

品尝鱿鱼鱼羹，一口鱼肉，一口羹汤，酥韧、爽滑、甘甜、鲜清、嫩腴、微酸俱全，于五味杂陈外，又天衣无缝，这种环环相扣，好似紧凑人生，其间不能容发，可谓张力十足。

梁溪脆鳝风味佳

　　江苏五大菜系之一的苏锡帮菜，主要由苏州菜与无锡菜所组成，其滋味之佳美，向与另一支的淮扬菜并称，其口味以偏甜取胜。而在无锡菜中，又以太湖的船菜最为知名，声誉之隆，一度响遍大江南北。

　　无锡市古名梁溪太湖，西倚惠山，山明水秀，风景绝美。梁溪乃一条流经城西的清流，渔产丰富，新鲜肥腴，鳝鱼的质地尤佳。当地的厨师以地利之便，擅制骨细肉嫩的鳝鱼。是以船菜中的美馔，自然以梁溪脆鳝最有口碑，亦最具代表性。

　　清文宗咸丰年间始出现的脆鳝，由无锡惠山直街的一家小饭馆首先推出应市。其老板名朱秉心（绰号叫大眼睛），继承祖业，身怀绝技。朱家世代以烹制鱼馔扬名，他便在父祖辈的烹饪基础上，不断翻新花样，终而制成脆鳝。由于风味别致，加上香脆可口，因而声名大振，人们为便于称呼，直接叫它"大眼睛脆鳝"。

　　脆鳝果然不同凡响。最早是吃面时，点它个一盘，就着面条吃，如果吃不完，用草纸包紧，以双手压搓，随即成粉状，纷纷落面上，当作面浇头，食来别有滋味。接着换个法儿，在吃白汤面时，或与火腿（名脆火）同上，或与鸡肉（叫鸡脆）共享，一样好吃得紧。后再改头换面，摇身变成头盘，可以充冷菜用。又因它能经久不坏（注：能放个两天而风味不变），且便于携带，遂成了馈赠亲友的佳品，四远皆知。

民国之后，无锡的"大新楼"率先将脆鳝当成筵席菜，提升其档次。再经"二水园餐厅"的改进，脆鳝酥松爽脆，一点不软不皮，装盘交叉搭高，形似火焰、宝塔，从此声价陡涨，一跃而成无锡上等筵席的常备珍馐。

基本上，脆鳝的做法为：把粗不过指的鳝鱼，在剔尽骨头后，划成整条鳝肉，洗净沥干水分，放入油锅以大、小火反复炸透后，先置一旁备用。另以葱花、姜末在锅内煸香，加黄酒、酱油及白糖等，烧沸成卤汁，随即将炸脆的鳝鱼与汁用力颠翻几下，俟入味后，淋些麻油，起锅装盘，再放些姜丝点缀即成。

成品乌黑油亮、松透酥香、咸甜调和的脆鳝，在当下台湾的江浙馆子屡见其芳踪，滋味甚妙，脍炙人口，一直是吃家眼中的珍品，不但宜于冷食、热吃，而且可以配饭、下酒，难怪在大宴、小酌中，始终都少不得它。我个人甚喜食此，搭配黄酒固然甚佳，用烧酒、威士忌佐食，亦能品出其至味。每逢秋高气爽或秋老虎当令的时节，一边吃菜，一边下酒，那种痛快淋漓，让人流连忘返。

糟熘鱼片惹帝思

糟熘鱼片，是山东烟台地区的传统名菜，距今至少六百年。老早即由当地"福山帮"的厨师发扬光大，一向是台湾一些北方馆子必备的佳肴，普受人们欢迎，似乎不点此菜，即未入其门庭。

据说明穆宗隆庆年间（公元 1567 — 1572 年），兵部尚书郭忠皋返乡，趁探亲之便，从老家福山物色一名厨。返抵京师时，适逢皇帝朱载垕想为宠妃做寿，宴请文武百官。为博宠妃一粲，便思来些新菜，换换平日口味。郭尚书于是"内举不避亲"，力荐这名大厨主持御宴，这在当时可是一桩极光彩的大事哩！

大厨为感谢知遇之恩，使出毕生绝活，把御宴办得非常出色，新菜源源推出，一新本来面目，满朝文武胃口全开，无不开怀畅饮，大家尽欢而散。

朱载垕大醉后，直到翌日日上三竿，方才酒醒，对这顿美味赞不绝口，下旨褒奖重赏。数年后，那名大厨辞别郭府，还乡终老。

一日，朱载垕龙体欠安，不思饮食，唯独对那位福山厨师当年所烧制的糟熘鱼片，念念不忘。皇后娘娘知悉后，随即派遣半副銮驾赶往福山宣旨，召那名厨师及两名高徒入宫治馔。后来，那名厨师的家乡，被易名为"銮驾庄"，遗迹至今犹存。

制作此菜时，最好是用大黄鱼，青鱼、鳕鱼，勉可应用。首先将鱼肉切成片状，加精盐、鸡蛋清、湿淀粉等抓匀，然后下温油锅中炸熟，捞出沥尽油。再于勺内加油，放葱、姜、蒜末爆锅，添入清汤、精盐、香糟汁、醋、白糖、冬笋片（亦可用绿竹笋，不宜用玉兰片）、黄瓜片（可有可无）及鱼片等，俟烧开后，即以少许湿淀粉勾芡，淋上芝麻油，起锅装盘即成。

此菜妙在软嫩滑润，鲜美中透浓郁的糟香味，炎夏品尝，尤觉适口。

我曾在香港九龙弥敦道上的"北京酒楼"，吃到质地细嫩、糟香味浓、芡汁黄亮的上好糟熘鱼片。取此佐饮坛装绍兴花雕酒，酒香菜香交融，食罢久久难忘。

近赴苏州木渎的"石家饭店"，点了其招牌菜之一的"糟熘黑鱼片"，用黑鱼烧此菜，效果出奇的好。黑鱼即塘鳢鱼，苏州人特重之，一提到塘鳢鱼，无不眉飞色舞。这道菜之妙，在黑白分明，皮黑肉雪白，能相得益彰，一望即醒目，糟香甚清新，芡汁呈鹅黄，入口极滑腴。其味之甘美，似较"北京酒楼"所食者，多隽永之意，收绵长之功。

鲮鱼"麻雀变凤凰"

我初尝鲮鱼,是在新店市一粤菜馆内。当天事先预订的吃火锅中,就有鲮鱼球一味,这可是店家来自澳门的主厨,特地为我们所做的拿手菜。由于头回吃到,自然十分新奇,且对它的滋味,一直念念不忘。而今,又尝了十来次,仍觉其味甚美。

台湾称为鲠鱼的鲮鱼,乃珠江水系西江的特产,易养快长,量多价平,生产成本低,群体产量高,曾居西江鱼塘"四大家鱼(注:另三种为草鱼、鲢鱼、鳙鱼)"之首。有趣的是,何以广东话叫它"土鲮鱼"呢?说穿了,不外乎其细刺极多,吃时稍不留神,不是卡住喉咙,就是扎伤嘴巴,让食者既恨且恼,故有"鲮鱼好食刺难防"之说。因此,只能当家常菜看,根本上不了台面。如果非用它来宴客,须经千锤百炼,完全去其骨刺。经此番加工后,所制成的鱼胶,或打成的丸子,才能装盘奉客。所以,其上冠一"土"字,无非表明它出自寒门,不能"登大雅之堂"。

不过,早年在广州听人谈起吃土鲮鱼,绝非食鱼而已,通常意有别指。其中的玄机，极耐人寻味。

原来旧日商旅云集的广州，多的是腰缠万贯的富豪，而且大半聚居西关一带，家事全由"妈姐"（亦即女佣）代劳。这些所谓的妈姐们，以来自广东顺德的最抢手，由于这里的姑娘颇具姿色，而且挺能干活，烧菜更一级棒，用来得心应手。一旦妈姐雇用久了，有的难免会与主人暗通款曲，甚至陈仓暗度。结果，"生米煮成熟饭"，只好留作侍妾。可是这种作为，对一个尚无妻室的社会名流而言，实在很不体面，于是此权宜举措，就如吃土鲮鱼般，其滋味固然甚美，却不能抛头露面，故好事者逮住机会，不免附会张扬，顺便揶揄一番。

尽管鲮鱼细骨头多，但其肉质细嫩滑美，且价格又十分便宜，以至爱吃的，不拘贫富，人有人在。广州的一些酒楼或食肆，觑准商机无限，为了大广招徕，仍会以此奉客。20世纪七八十年代，港澳的餐厅纷纷抢进，相继推出"鲮鱼宴"或"鲮鱼全餐"。除在传统的"豉汁蒸鲮鱼"、"酥炸鲮鱼排"、"鲮鱼粉葛汤"、"酿鲮鱼肚"外，再烧出十多款风味迥异的菜式，有炒、有焗、有煎、有焖、有烤、有羹等，琳琅满目，美不胜收。既具特色，而且划算，尤受饕客欢迎，难怪盛行一时。

此外，两广人士最重口彩，正好鲮鱼与"零余"同音，意即"年年有余"。是以珠江三角洲一带，民间每逢过年，家家户户都会拎上几尾鲮鱼回家，图个好兆头。看来，鲮鱼的妙用甚多，早就已咸鱼翻身，一度还"飞上枝头变凤凰"哩！

生鱼片扑朔迷离

当下在台湾，一谈到"刺身"，大多数人就知道是生鱼片，而且是日本料理。然而，刺身的本尊为脍，即细切肉。据《礼记·少仪》的说法，凡"牛与羊鱼之腥，聂而切之为脍"。意即先斩成大块肉，再细切成脍。讲究些的，《释名·释饮食》指出："脍，会也。细切肉，令散，分其赤、白，异切之，已乃，会合和之也。"原来它是把细切的牛、羊、猪、鱼之肉，区分红、白，分别切好，再混合在一块儿，由此亦可见古人造字之妙。到了后来，因鱼用得特别多，另写作"鲙"，专指生切鱼丝或片。关于鲙的起源，早在南北朝时，就有一段公案，双方唇枪舌剑，各自引经据典，结果一笑置之，也算很有意思。

话说齐高帝萧道成置酒作乐，当羹、鲙同上时，大臣崔祖思不假思索地说："这是南北所推重的美味啊！"在座的沈文季不以为然，指出："羹鲙乃吴地所食，怎能说成南北都推重呢？"祖思则讥诮道："'枭鳖鲙鲤'，似乎不是句吴诗吧！"

文季不甘示弱，反唇辩诘说："'莼羹鲈鲙'的出典，应该是与鲁、卫无关的。"两人互不相让，皇帝亲自解围，笑称："既然如此，那碗莼羹，文季当仁不让，就直接喝了它。"

这场论辩，各执一词，提到"莼羹鲈鲙"和"炰鳖鲙鲤"这两则典故，到底谁先谁后？且各溯其本源。

先谈谈"莼羹鲈鲙"，这确为吴人美食。其实，比起西晋张翰的"莼鲈之思"来，早在七八百年前，春秋时期的吴王阖闾，为欢迎大将子胥伐楚归来，即为之治鲙庆功了。是以《吴越春秋》记载："吴人作鲙者，自阖闾之造也。"阖闾卒于公元前496年，推算至今，已超过二千五百年光景，可谓源远流长。

再考证"炰鳖鲙鲤"，此诗出自《诗经·小雅·六月》，诗中所描述的，乃西周宣王时，重臣尹吉甫北征狁得胜归来，宴请亲友时的情景。炰鳖，即以文火煮甲鱼；鲙鲤，就是细切鲤鱼肉，也就是今称"鱼生"的生鱼片。照此算来，乃发生于公元前823年时的事了，就文字记载而言，比起阖闾作鲙，约早个三百年。

从文献上来看，食鲙这档事呢，确实北先于南，只是沿海先民食鲙的历史，真的会较内陆先民还晚吗？令人难以置信。又，《礼记》等书谈到先民祭祀祖先的大典时，祭品中必有"玄酒"、"俎腥鱼"。玄酒指的是清水，腥鱼则是切好的鱼肉。先秦王室，食有八珍，饮有六味，但最重视的祭祖，居然如此简易？有点让人费解。还是《史记·乐记》说得好，其意在"贵饮食之本也"。从而得知，先秦古人并未忘记他们的老祖宗原本就是喝凉水、食生鱼为生的。由此可见，古人食鲙乃原始之遗风，孰先孰后，无关宏旨。

北关鮆仔极鲜清

　　嗜食鱼生（即沙西米）的我，愈老愈甚，过口无敌。其中，最让我惊艳的，竟然是吃鮆仔的初体验。

　　那回印象之深刻，至今仍难磨灭。当大伙儿痛饮啤酒、恣享海鲜之际，老板说今天进货时，发现一样特别新鲜的好东西，免费提供。待献宝后，同桌人一看，不免犯嘀咕，这能生吃吗？

　　原来他端出来的，正是鮆仔。盛在小盅玻璃器皿内，四周皆是冰块，鱼则尾尾透亮，仿佛融为一体，在灯光下晶闪，色相极为诱人。夹起入口细品，甘甜鲜糯，余味不尽，果然好味。急请老板再送，回说货源有限，今天仅此一盅，明儿个请趁早，真是吊足胃口。

　　鮆仔是鳘科仔稚鱼，长仅及寸，火柴棒粗，半透明状，煮熟后则呈乳白色，喜随摄氏二十四度海水等温线，作越洋洄游，约于每年春秋两季，出现于台湾东北角海域或福建厦门一带的外海，向以宜兰县头城镇的梗枋港，作为捕捞重镇，极盛时，专业鮆仔船可达三百艘之多。不消说，老板的生鲜鮆仔，就是每天在这里采购，再趁着夕阳余晖，火速送回台北店里的。

台湾叫的鲚仔鱼，大陆则称吻仔鱼。另有银枪鱼、文昌鱼、蛞蝓鱼、鳄鱼虫、米鱼、无头鱼、薪担物等名目。每一个名字的背后，都有一个典故，实在很有意思。

之所以称为银枪鱼，主要是以其形色而得名。依李绣伊（禧）《紫燕金鱼室笔记》的记载："鱼产同安刘五店。长寸余，色白银无鳞，首尾俱尖，有似银枪，故称。"

取名文昌鱼，就有点匪夷所思了。据《同安县志》的说法，此鱼"文昌（神名，世称文昌帝君，主管功名）诞辰时方有，故名"。认为其名与文昌帝君脱不了干系。另一说则认为"文昌"乃"银枪"二字谐音而误读或雅化，似亦言之成理。

称其为"蛞蝓鱼"，缘自18世纪末，德国动物学家巴拉斯（P.S.Pallas）得其友人自Cornuall海岸寄来的鲚仔鱼标本一尾，因他从未见过这种从无脊椎动物进化至脊椎动物的过渡生物，经研究后，误判它是软体动物蛞蝓的一支，乃命名为Limax Lanceolatrus，意即形如枪的蛞蝓。所以，1979年版的《辞海》，特别将此收录，写成别称"蛞蝓鱼"。

把它叫成"鳄鱼虫"，简直就是神话，却有两种说法。一说韩愈在潮州撰文祭鳄鱼后，当天夜里，狂风暴雨，雷电交作。再过几天，江水全干，鳄虽冥顽，不得不俯首远遁，在迁徙过程中，一不小心负伤，逃至刘五店后，身体腐化成虫，竟变成鲚仔鱼。另一说也很扯，亦出自《紫燕金鱼室笔记》，写着"（同安）刘五店之鳄鱼石，朱熹非恶其名也，系该石开口向署（指衙门）作噬状，某日朱子（朱熹之尊称）升座，故以朱笔遥掷之，石陨而鱼产生"。把理学的大宗师，居然描述成收妖的老道士，比传奇更传奇。

"米鱼"是泉州、安海、石井等地人的叫法。相传郑成功有次屯兵海上时，船抵同安、石井，因乏下饭菜料，便下令把大量的白饭倾倒入海，片时海面涌出无数小鱼，兵士连忙撒网捞起，成为道道美味佳肴。其实，鲚仔本身觅食浮游生物，但除人类外，它常被鲭、鲣掠食。

而它被称为"无头鱼"和"薪担物"的道理，则与"银枪"同。大凡鱼皆有头，唯独鲚仔的头与身，乍看之下难分，因而得名。又，其两端尖细，呈长梭形，像煞扁担，遂得这一怪名。

鲚仔生食最鲜，取此煮汤作羹，或制成鲚仔煎，都是一等一的。在市场习见以箩筐盛放的，一律是煮过的熟鲚，甚至煮熟再晒干的鲚仔脯，虽非生鲜妙品，但只要一小撮，亦有提鲜作用。

想要狂啖鲚仔，可赴梗枋的海鲜店；想更经济实惠，转到北滨公路旁的北关风景区，应是不二选择。此地又名兰城公园，在北回铁路龟山站附近，与太平洋中的龟山岛相对，景致极佳。风景区内有一小吃摊的集中地，每以"生鲚"作招徕，强调此是全台唯一可直接吃生鲚煮的鲚仔汤。我以前在此吃不下十回，汤清而鲜，颇为适口。

目前环保意识抬头，有谓痛食鲚仔鱼，将导致资源匮乏。

我本爱食此味，为了响应环保，已有许久未吃，只盼它能早日恢复生机，再度成为餐桌主角。如此则制造双赢，天下苍生幸甚，自然包括饕客在内。

茉莉鱿鱼卷一绝

在谈这道经典名菜前，得先谈谈它特殊的际遇。

话说今日在台北尚可吃到的川扬菜，其在上海结合，始于"梅龙镇酒家"，其店名取自京戏的《游龙戏凤》。后因生意清淡，乃由艺文界的韩兰根买下，请名媛吴湄出任经理。她有先见之明，认为日本必败，要员将返沪上，乃在原本淮扬名馔的基础上，特聘川帮名厨沈子芳掌勺。而为迎合地方人士的口味，其川菜走轻麻微辣路线，并创制了贵妃鸡、干烧明虾、干烧鲫鱼、龙圆豆腐（龙眼虾仁烧豆腐）、芹黄鹌鹑丝、香酥鸭、陈皮牛肉、梅龙镇鸡、龙凤肉、金钩耳环、干烧鳜鱼镶面、酱爆茄子、茉莉鸡丝汤及茉莉鱿鱼卷等新派川菜，从此海派川菜在上海流行，后者尤为人所津津乐道。

原来以茉莉鲜花和不同种类茶胚，在拌和后窨制而成的茉莉花茶，由于茶胚的品种不同，可分为茉莉烘青、茉莉炒青和茉莉红茶这三类，以前者消费最广，一般作为茉莉花茶的代表。其著名的品种，有茉莉毛峰、茉莉闽毫和茉莉银毫等。至于茉莉炒青，则以香气清悦芬芳、不闷不浊、滋味醇和鲜美及不苦不涩著称，名品有茉莉龙井、茉莉大方、茉莉旗枪、茉莉碧螺春等，形形色色、耐人寻味。

此外，大大有名的明前茉莉花茶，允为苏州特产，乃选用清明前采制的优质绿茶窨以伏花而成。外形紧结、壮实、匀整、香气鲜浓、滋味醇厚、叶色嫩绿。冲泡之后，汤色橙黄，而且即使三次，仍有余香释出，极宜制汤烧菜。茉莉鱿鱼卷得以名列"经典梅家菜"之一，此茶居功厥伟。

烧制此菜时，用水发鱿鱼，剞成麦穗形，改切为方块，置沸水锅内，汆烫使卷拢，再以茉莉花茶取初泡、再泡的浓茶汁，与料酒、精盐、湿淀粉兑成调味汁。接着烧热炒锅，置入熟植物油，旺火烧至七分熟，下鱿鱼卷略爆，随即倒入漏勺沥油。锅内再放适量蒜泥、葱结、姜片煸出香味，一起出葱结、姜片，倾入鱿鱼卷，迅加调味汁，于颠翻几下后，出锅装盘即成。

此菜妙在造型美观，具滑、嫩、鲜，且有幽雅的茉莉花香，加上新颖别致，深受食家喜爱。20世纪70年代末，日本主妇社成员来沪拍摄中日联合编写的《中国名菜集锦谱》时，曾赴"梅龙镇酒家"，品尝此·美味，食罢连连称赞，誉其"色泽优美，滋味极好，异常可口"。

又，店家的茉莉鸡丝汤，亦属别出心裁。取用苏州顶级的茉莉花茶，以其第二泅茶汁，和入清汤与汆熟鸡丝而成，为席尾汤菜。饮用之后，居然使人会有"餐后一杯茶，流涤满腹腻"的舒适清心之感。其价并不特昂，堪称经济实惠。

鳝鱼美肴炒软兜

我从小就爱吃鳝鱼，不管是市井卖的鳝鱼意面，还是在馆子里常吃得到的清炒鳝片、韭黄鳝糊或脆鳝等，非但来者不拒，且猛送口大嚼。只是现在野鳝少了，进口货又参差不齐，每见其鲜度不足，免不了怅恨久之。

晋人葛洪在《抱朴子》一书中，称鳝鱼为"土龙"，这是美誉。其实，鳝的古名是"鱓"，因像煞了蛇，古代的北方人见状，怎敢吃这玩意儿？最明显的例子，是《旧五代史》记载后周世宗柴荣与属下的一段对话。上面写道：世宗又问以扬州之事。对曰："扬州地实卑湿，食物例多腥腐。臣去岁在彼，人以鳝鱼馈臣者，视其盘中，虬屈一如蛇虺之状。假使鹳雀有知，亦应不食，岂况于人哉！"结果是"闻者无不悚然"。我每读至此，必大呼可惜。

有道鳝鱼菜很有意思，即令是美食名家，也会讲得不清不楚，说不出个所以然来。此菜名"炒软兜"，依据高阳先生《古今食事》里的说法，指的是鳝鱼下腹的部位。如据梁实秋先生在《雅舍谈吃》内提的，乃炒鳝糊加粉丝垫底，故叫"软兜带粉"。而他老人家所谓的软兜带粉，我曾在台北和上海各一家淮扬馆子吃过，多半油腻腻又黏搭搭的。

从字义上来看，长衫前腰带子可以盛物之处，固然是兜；而用手捏衣成袋状承接，也是叫兜。须从这里探究，才能体会炒软兜这道菜的真正意涵。

此菜始创于清文宗咸丰年间（公元 1851 — 1861 年）。一说因汆制鳝鱼旧法，乃将鳝鱼用布兜扎起来，放在配有葱、姜、盐、醋的汤锅内汆熟，故名软兜。另一说则是其成菜后，以筷子夹食时，由于鱼肉软嫩，必须再用汤匙接着才易送口；加上鳝鱼两端下垂，一如小孩胸前兜带，因而得名。

在炒制软兜前，选妥笔杆般粗的鳝鱼，先注入清水，把盛着葱、姜及盐、醋的锅子烧滚，倾入鳝鱼，并不时用勺搅动，去除其黏涎，待鱼身卷起、鱼嘴既张，乃离火略焐，以漏勺捞起，放在冷水中浸凉，然后用竹片将鱼肚皮与背脊肉，自头至尾划分开来，再沿鱼脊骨与脊肉划分毕，接着用手把脊背肉捏成两段洗净。炒锅用旺火烧热，放入猪油、蒜片，再放入热鸡汤内滚，以干布吸去水分，一并倒入锅中。另用酱油、醋、湿淀粉、料酒勾芡，以手勺略推几下，经颠锅、淋油、装盘等工序后，撒上胡椒粉即成。

此菜可随季节配韭黄、青红椒、韭菜、青蒜同炒，以乌光熠熠、蒜香浓郁、鲜嫩异常而见重食林，是淮帮菜的珍馐之一。

然而，炒软兜制作的难度颇高，想要烧得够水平，得有好功夫才行。有些店家不思强化厨子的基本功，却反其道而行，意图蒙混过关。上海的"老半斋"本以此菜扬名，史家亦食家的唐振常往食，经理自诩地说："我们改良了。"结果是"川化而成了鱼香味"。舍本逐末，沾沾自喜，家法从此荡然无存，滋味自然不堪闻问了。

江南爆蟹真奇妙

　　清代有部好书，名《三风十愆记》。其《饮馔篇》内载有：一位名"草头娘"的家庭主妇，她烧菜的功夫，已到了"凡寻常肴品，一经其手，调和辄可人口，如尝异味，人益争慕之"的地步。于是"邑中豪富势宦，日命肩舆，邀草头娘至家治庖"，甚为时人看重。而当时和她齐名的，尚有太原赵氏的"蒸鳗"、徐厨夫的"炖鲋鱼"、李子宁的"河豚酱"，以及周四麻子的"爆蟹"。其中，又以周四麻子的绝活，令我意眩神驰，最想一尝为快。

　　爆蟹此一食蟹新法，其制法为："将蟹煮熟，置之铁节炭火炙之"，一边烤，一边则涂以甜酒、麻油。不一会儿，只听毕卜数响，其二螯八足"骨尽爆碎"，且"脐、胁骨皆开解"，只消用手指头轻拨，蟹壳就应手而落，"仅存黄与肉"。这时"每人一份，盛一碟中"，蘸以姜、醋汁，"随口快唼，绝无刺吻抵牙之苦"，纵百蟹片刻可尽。世上之快事，恐无逾于此。

　　但周四麻子之术，"秘不肯授人，人虽效其法，蟹焦而骨壳如故"。因此有个传说，谓其爆蟹之秘，即在所涂的油，虽名麻油，实非麻油，而是在春、夏之间捕蛇数百条，剥皮煮烂，舀取上面的一层"蛇油"，以此炙蟹，则无不爆。话虽如此，可是谁有那么多功夫去捕蛇及熬油呢？

所以，周四麻子一死，再无爆蟹可食。有人便创制了一套工具，共计三件，分别是小锤、小刀和小钳。听说首先发明这玩意儿的，乃"漕书及运弁"，即在大运河中专收糟粮的书办与押运糟船的卫所官兵。此辈的入息甚丰，平居又无所事事，遂成为市井中的豪客。他们为图方便，发明省事工具，应在情理之中。

这套食蟹工具，后来盛行于江南的闺阁间，全用银制，小巧玲珑，非常可爱。目前每见于大饭店及高档食肆中。每逢食蟹当儿，常取此以奉客。运用纯熟者，挑剥如意，吃得尽兴；不谙其法者，则左支右绌，窘态毕露。

一般而言，大闸蟹以蒸、煮为宜，如要做成酱爆蟹，当以青蟹为妙，江浙餐馆多优为之。在我所吃过的店家里，以"满顺楼"、"四五六上海菜馆"及"鸿一小馆"最称拿手。唯目前两者歇业，后者不复水平后，只有前去"上海极品轩餐厅"，方可一膏馋吻。

"极品轩"所选的青蟹（一用大沙公），质量特佳，非但生猛硕大，而且肉实饱满。在精心斩件后，把蟹螯略敲碎，先下油锅里爆，接着用葱、姜、豆瓣酱等烧透，伴以毛豆仁或蚕豆瓣，待其汤汁行将收干之际，随即勾薄芡起锅装盘。酱汁喷香，红翠悦目，用手抓食，猛嚼细品，不亦快哉！

又，此味亦可下宁波年糕同烧，蟹固然佳妙，年糕亦糯爽，两者一起纳肚内，顿觉人生真美妙，既可挑逗味蕾，更能适口充肠。

府城虾卷有意思

　　依吕继棠在《中国烹饪百科全书》中的说法,宋代的"签"菜,"按照开封传承下来的做法,……一般是主料切丝,加辅料蛋清糊成馅,裹入网油卷蒸熟,拖糊再炸,改刀装盘。"如果此说为真,早在北宋之时,现在台湾常见的鸡卷和虾卷,即已是具备雏形,可谓源远流长。

　　不过,清代饮食巨著《随园食单》内所披露的"野鸡五法"及"假野鸡卷",倒是鸡卷的先驱,甚有借鉴价值。前者云:"野鸡披胸肉,清酱郁过,以网油包放铁奁上烧之。作方片可,作卷子亦可。此一法也。……";后者则是——"将脯子斩碎,用鸡子(即鸡蛋)一个,调清酱郁之,将网油划碎,分包小包,油里炮透,再加清酱、酒作料,春蕈、木耳起锅,加糖一撮"。

　　"假野鸡卷"发展到后来,虽仍名为"鸡卷",实则为猪肉卷,亦有径称"网油卷"者。像《调鼎集》即谓:"网油卷:里肉切薄片或猪腰片,网油裹,加甜酱、脂油烧,切段。又,网油包馅,拖面油炸。"由于制作尚易,故在有清一代,民间无论办红、白喜事，还是逢年过节，都常会上此菜。即使假日串门，小酌它个几杯，也常以此佐酒。不论是在大陆，抑或是在台湾，似乎全是如此。

据府城的父老相传，早在延平郡王郑成功攻台时，所部的火头军中，有不少是福州人，引进来的家乡味，即有以猪肉充内馅的"鸡卷"。由于福州与府城皆近海，内馅改用虾仁，当在情理之中，只是孰先孰后，现已无可查考，倒是公认台南最好吃的虾卷，居然源自福州，反而信而有征。

名气最响的店，未必滋味最棒。原位于鸭母寮市场、现在西和路执业的"黄家虾卷"，纵无赫赫之名，却是饕客必尝的口袋名单。其创始人黄金水，早在一甲子之前，即只身前往福州，向已经营三代的吴祀老师傅学艺。尽得其学后，先在石精臼摆摊，赢得上好口碑。即使已由第二代接手，依然保留古早做法，严选新鲜肥壮的火烧虾，先与鸭蛋汁、高丽菜和葱拌和，再以猪网油（注：或称猪腹膜、网纱）包裹成长条状，拖面之后，用大火略炸，起锅滴油即成。固可品尝原味，亦可蘸着店家特调的酱汁和芥酱吃，或搭配腌白萝卜片再食，酥脆清爽，齿颊留香，如果佐以汤汁鲜甘而清的综合汤（内有鱼丸、脆肉等），余味绕唇，更是好到无以言表。

在此须声明的是，包裹好的虾卷，先切段再炸，则名为"虾枣"，乃"阿霞饭店"的招牌菜，亦为一款名食。若弃猪网油不用，径改成豆皮制作，则是春卷或虾卷的山寨版，就算滋味尚佳，但已古风不存，少了那个味儿。

红糟田鸡好滋味

一谈到福建菜，不能不提红糟。它本是糯米加红曲酿成黄酒后，所剩下的沉淀渣滓。红糟有生糟、熟糟之分；熟糟又有炒糟和炖糟之别，依其料理，给予分类，以尽其用。而红糟也和酒一样，愈陈愈香；隔个一两年再食用，滋味尤美。除糟鱼（通常用河、海虾）外，尚可用来糟鸡、糟鸭、糟鹅、糟羊和糟田鸡等。滋味甚妙，迥异凡常。

中国用红糟煮肉的最早记载，出自北宋初年陶榖所撰的《清异录》，其"酒骨糟"条下写着："孟蜀（公元934 — 965年）尚食，掌《食典》一百卷，有赐绯羊。其法：以红曲煮肉，紧卷石镇，深入酒骨淹透，切如纸薄，乃进。注云：酒骨，糟也。"可见此菜色红、肉紧、片薄、质凉，富糟香味，应是佐酒的珍馔之一。

据此可知，明人李时珍《本草纲目》指出的"红曲，本草不载，法出近世，亦奇术也"和宋应星在《天工开物》所称的"凡丹曲（即红曲）一种，法出近代"均非事实。盖早在五代之时，中国人已能制造红曲。然而，即使同为明代人，记载制造红糟的材料亦不尽同。前者是用白粳米，后者则用籼稻米，制法当然也有些出入。

当今顶有名的红曲，首推福建的古田。其制红曲的历史甚久，像明神宗万历年间，邑人林春秀的诗中，即有"田家多制曲，畲客少租山"之句。另，清高宗乾隆十六年（公元1751年），古田知县辛竟可修《古田县志》，叙述红曲时说："降来米蒸饭，聚而复之，使温散而铺之，使凉浸诸水，欲其化而复聚之、散。奄以水欲其成，而复聚之、散。温凉得中，而有丹色如朱者……"此外，民国初年新撰的《古田县志》亦云："邑东北等区出产品以红曲为大宗……近售本县及连罗、福宁、省城（即福州），远则贩运上海、宁波、天津各埠，为制曲原料。"由此即知其盛况之一斑。

约在20世纪五六十年代，台北市的福建老乡在自酿黄酒后，常把剩糟携至老字号的"胜利园"（现已歇业）兜售，是以该店的红糟鸡及红糟鳗等，滋味颇佳，名噪一时。而十年前即封馆的"天下味"，开设于高雄市苓雅区，它反其道而行，主动向眷村的老一辈收购陈年红糟，故其糟菜极优，曾在台湾南部称尊，莫与之京。

红糟田鸡是"天下味"的拿手绝活，如未事先预订，必有向隅之患。田鸡之鲜美细致，远非牛蛙可望项背。此菜以炖糟方式为之，色紫红而艳丽，而蛙肉及粉条，在充分赋色后，色呈亮红，蛙肉细嫩，粉条爽Q，曲香浓郁，味极醇厚，确为妙品。每食蛙肉毕，粉条盛碗内，一吸吮即下，真不亦快哉！

而今美好体验不再，深盼日后有机会品尝，让味蕾得以复振，称心快意。

吃豆腐

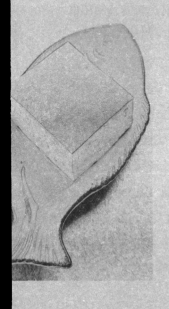

豆腐源自"淮南术"？

关于豆腐的起源，一说孔子所处时代即有，一说则是始于西汉淮南王刘安。支持前者的人甚少，后者自宋以来即广为流传。其最有力的证据，即是大儒朱熹的一首咏豆腐五言绝句，诗云："种豆豆苗稀，力竭心已腐。早知淮南术，安坐获泉布。"并自注"世传豆腐本乃淮南王术"。日后李时珍的《本草纲目》、叶子奇的《草木子》、罗颀的《物原》等古籍，皆宗此一说法，堪称取得共识。

考古的盛行和斩获，确实可补文献记载之不足，公元1959—1960年间，考古工作者在河南密县打虎亭发掘出两座汉墓，皆为东汉晚期（公元2世纪左右）遗址，其墓中的画像石上，即有生产豆腐的场面。经过一些专家的实地考察和研究，排除该图反映的是酿酒或制作酱、醋之场景，只可能是做豆腐。所以，豆腐的起源确定为汉代。刘安做豆腐的传说，似乎不是子虚乌有。

在制作豆腐时，水磨（可石制或陶制）必不可少。目前出土最早的石制水磨，乃1968年在河北满城西汉中山王刘胜墓中发现的。它分上、下两扇，以黑云母花岗岩打制。石磨顶部，中心内凹，四周起沿，便于注水。且石磨下部尚无磨盘和水槽，但有一比石磨还大的青铜漏斗，漏斗若盆状，中心有漏孔。石磨就置于漏斗中央。磨出的浆液汇到漏孔流下，下有容器承接。由这盘水磨观之，仍保留着源自旱磨的特征，实为水磨发展的初期形制，何况有了铜漏斗，用它来磨制豆浆是满合宜的。这墓的主人刘胜，比淮南王刘安谢世的时间，略晚个十余年，从而可以断定，这水磨制作的年代，与相传为淮南术的发明时间，在基本上，可说是相当的。

豆腐到底为何人所创，目前虽尚无定论，但业豆腐者，以豆腐发明自淮南王刘安，故尊之为刘祖师。且以每年农历九月十五日为其诞辰，例有醵资庆祝之举。1935 年时，上海豆腐业已有同业公会之组织，特由该公会发起，于当天雇用鼓乐，开筵庆祝，以示崇仰。不过，并非所有豆腐业者均供奉刘安，亦有供奉乐毅、范旦老祖、清水仙翁、杜康妹、孙膑、庞涓或关公者，可谓莫衷一是。

还是苏轼的见解高明，他在诗中云："古来百巧出穷人，搜罗假合乱天真。"认为这种"乱天真"的豆制品，是由穷人巧手制作而成的，只是在何种机缘下制成，他并没有答案。有些学者主张："豆腐制法与道家炼丹有密切关系"，认为道家炼丹用豆浆来培育丹苗，无意中发明了豆腐。而淮南王无疑是当时修道炼丹最出名的。于是豆腐的创造虽出自群众智慧，但人们总习惯找一个公认的人物来当作代表。刘安能雀屏中选，显然是事出有因。

东坡豆腐有真味

犹记得小时候，晚餐必有一大盘煎豆腐。这些菜纯用板豆腐，切成长方块，约二寸许长，有两公分厚，用猪油、酱油、糖煎之，添水再滚，加些葱段，淋点麻油，盛盘之时，累累叠高，层次分明，馨香袭人，既中看又中吃。虽是简单的家常菜，但其腴嫩甘鲜，带着几许焦香的滋味，真个是佐饭隽品。是以每回一端上桌，马上一扫而空，食罢其味津津。即使事隔四十余年，迄今仍念念不忘。

煎豆腐看似平常，它在历史上的佳肴，则是赫赫有名的"东坡豆腐"，其烧法载之于宋人林洪所著的《山家清供》一书中，写道："豆腐，葱、油煎，用研榧子一二十枚和酱料同煮。又方：纯以酒煮。俱有益也。"简简单单几句，却有两种煮法。前一法中的葱，大、小葱皆可用，滋味硬是不同。如果是用大葱，味平甘而性温，气香浓郁醇厚，有解腥及杀菌的作用；要是改用小葱，宜取葱白部分，味脆且有润感，能收和事（注：葱一名和事草）之功，具祛风发汗、解毒消肿之效。又，所谓的榧子，即纹木的果实，一称赤果，以宋代信州玉山县（今属江西省）所产最佳，故名玉山果。苏东坡甚喜食，曾作《送郑户曹赋席上果得榧子》诗，云："彼美玉山果，粲为金盘实。"宋人罗愿更指出："其仁可生啖，亦可焙收。以小而心实者佳，一树不下数十斛。"将榧子一二十枚研细成粉，鲜甜益著，确实好味。

此外，第二法于煎毕时，改用酒煮，不光营养丰富，而且别饶滋味，难怪"有益"者也。

事实上，东坡豆腐是否为苏轼所创，有待查证。不过苏轼与豆腐倒是挺有渊源的，曾撰诗云："煮豆作乳脂为酥"，还喜欢吃蜜渍豆腐。而用榧子同煎滚的豆腐偏甜，至少应是合其脾胃的。

江苏常州的豆腐甚佳，皮蛋拌豆腐尤有名。近人伍稼青的《武进食单》，收有"葱煎豆腐"一味，其做法为："将多量胡葱切断，在沸水中炒半熟，用铲拨置一边，再将豆腐下锅煎至微黄与葱相混合，加盐及酱油、糖，数沸起锅。"而在冬至前夕，人家准备肴、酒过节，必备有这道菜。乡谚且云："若要富，冬至隔夜吃块胡葱烧豆腐。"

讲句实在话，当下对于富贵的定义，已与古人有别，不再强调地位高与多金。而是不求人乃是贵，不缺钱用即为富。还是江苏的另两个民谚说得好，"吃肉不如吃豆腐，又省钱来又滋补"；"天天吃豆腐，病从哪里来？"没事时常享用，保证受益无穷。

火宫殿的臭豆腐

  地处长沙市坡子街口的火宫殿，原本是一座祭祀火神的庙宇，始建于公元 1577 年。每逢其祭祀谢神，便游客涌至，热闹非凡。各类零食摊担，竞相吆喝贩卖，遂逐渐形成小吃的集中地。当地的小吃，虽各具特色，但最负盛名的，则是姜二爹的臭豆腐，滋鲜味胜，堪称一绝。是以成书于清代的《湖南商事习惯报告书》，在描述长沙小吃盛况的篇章里，少不得载此一味。

  1958 年春，毛泽东赴湖南视察，还特地去刚修葺一新的火宫殿，在现在的"一品香"厅，品尝家乡风味，先后尝了"东安仔鸡"、"发菜牛百叶"、"红煨牛筋"、"红焖甲鱼裙爪"、"红烧狗肉"等地道佳肴，心胸一爽，谈笑风生。当"色、香、味均属上乘"的油炸臭豆腐端上桌来，毛主席望着昔年钟爱的小吃，笑称："臭豆腐干子，闻起来臭，吃起来香。"乃夹起一块，蘸着辣酱汁，送口痛快嚼。食罢，仍意犹未尽，表示："火宫殿的臭豆腐还是好吃。"到了"文革"时，火宫殿的影壁上便出现两行大字，写着："最高指示：火宫殿的臭豆腐还是好吃"。

其后，籍隶湖南的胡耀邦，一接任主席不久，不忘继踵前人，依样画个葫芦，于是乎"到长沙不吃它，不能算到过长沙"之说，甚嚣尘上，几可奉为圭臬。流风所及，连美国前总统老布什在担任驻中国联络处主任时，也凑了一脚，特地去品尝，并在日记上写下"臭豆腐是长沙火宫殿的名菜之一"之句。

臭豆腐质量的好坏，除和精选优质黄豆所制成的水豆腐有关外，尤取决于浸泡发酵过的卤水。姜二爹的独门卤水，绝对与众不同，是用豆豉、香菇、冬笋、曲酒、青矾、盐、豆腐脑等近十种配料制成，非常考究。所以，它在浸泡四小时后，豆腐呈现出青黑色，随即以小火炸，俟其外焦内软，立即起锅备用。盛盘临吃之际，先用筷子在其正中捅个洞，再淋上辣油、麻油、酱油或蒜茸即成。其味非但不臭，反而鲜香醇厚，其滋味之佳妙，确非凡品可及。

有人形容此臭豆腐为："黑如墨，香如醇，嫩如酥，软如绒"，形神俱肖，洵为的评。难怪食客如织，经常供不应求。

"文献无征"谈豆腐

被誉为"洁白晶莹赛雪霜"、"烧之煮之拌之味皆美"的豆腐，自古以来，一直是家常菜的常客，不但为家庭烹饪时最方便的食品，而且"到处可买，四季皆有，雅俗共赏，贫富不择"，难怪孙中山先生对它赞誉备至，更看重它的养生功能，在《建国大纲》中指出："中国素食者必食'豆腐'。夫豆腐者，实植物中之肉料也。此物有肉料之功，而无肉料之毒。"这话可是有根据的，因为豆腐一则是人类最早萃取出的植物蛋白质，再则它能为人体所充分吸收，可"清热、益气、和脾胃"。

然而，古名菽乳、黎祁、来其、小宰羊的豆腐，它是如何制造出来的，曾在现代史上，引发一些议论，彼此各执一词，即使轰轰烈烈，反而真相难明，真的很有意思。

话说20世纪50年代时，大陆著名的化学史家袁翰青撰文指出："我遍查《淮南子》，不见有'豆腐'二字，连豆腐的别名'黎祁'、'来其'也没有。我翻检了历代大量有关文献和资料，查不到唐代以前有关豆腐的任何记载，只在宋寇宗奭于11世纪

· 130 ·

末著的《本草衍义》中，有磨豆腐的话。原文是'生大豆……又可硙为腐，食之'。硙，就是用石磨磨，这证明宋代已有豆腐，从而可以推想豆腐的开始制作，大概是'在五代的时候，9世纪或10世纪的时期'。"

袁氏的这番见解，是以"文献无征"为根据，否定历来为始于汉代的传说，而且别出心裁，认为豆腐的始创者为农民，是他们在长期煮豆磨浆的实践中，得到这种优美的食品。言下之意，农民才是豆腐真正的发明者。

到了60年代，日本学者筱田统另有新解，表示五代人陶穀所撰的《清异录》中，已有关于豆腐的记载，其内容为："时戢为青阳丞，洁己勤民，肉味不给，日市豆腐数个，邑人呼豆腐为小宰羊。"筱田氏益认为，这个唐代的故事，足以说明唐代中期就有豆腐问市，时间向上推移百年光景，执此以观，似乎较袁氏的推论来得早。

不过，筱田氏另发奇想，在修改袁氏结论时，标举游牧民族才是豆腐的原创人。其原因则是北方游牧民族大量迁入中原后，起先喜食的奶酪不易得，才发明了代用品豆腐。这种说法，似乎为豆腐一称做中国吉士，找到了佐证。

其实，袁氏和筱田氏两人的说法，都是"公说公有理，婆说婆有理"，说者既无据，反证亦困难，谓之瞎子摸象，倒也名副其实。孟子曾说："尽信书，不如无书。"他们所还原的"事实"，姑且就说者说之，听者听之吧！

御赐八宝豆腐方

在中国历代的皇帝中，以清圣祖康熙最会恩遇大臣，不但经常赐食，甚至赏以食方，名扬中外的"八宝豆腐"，即为其中之一。

籍隶广东的大才子宋荦，担任江苏巡抚长达十四年，当康熙南巡时，办过几趟"大差"，尽善尽美，深简帝心。康熙曾颁赐食品传谕："宋荦是个老臣，与众巡抚不同，著照将军、总督例颁赐。计活羊四只，糟鸡八只，糟鹿尾八个，糟鹿舌六个，鹿肉干二十四束，鲟鳇鱼干四束，野鸡干一束。"另，据宋自撰的《西陂类稿》上记载：七十二岁那年的四月十五日，有圣旨传出，写道："朕有自用豆腐一品，与寻常不同，因巡抚是有年纪的人，可令御厨太监传授与巡抚厨子，为后半世受用。"体贴关照之情，流露字里行间，宋荦在"邀天宠"之后，即将这味豆腐的食方视为至宝，秘密绝不外传。

幸亏这个烹调法门，不光只赐给宋荦一人，时官刑部尚书、深受康熙倚重的词臣徐乾学，亦获浩荡皇恩，获此豆腐秘方。

不过,宦囊极丰的他,在取食方之时,硬被敲了竹杠,"出御膳房,费银一千两（一作金）"。还好家底子厚,不但付得爽快,也不怎么藏私,其状元门生王式丹即得此法,成为家中美馔。美食家袁枚因缘际会,有幸在他孙子王孟亭太守处尝到,遂收入其所撰写的《随园食单》中,以"王太守八宝豆腐"命名,从此广为流传,成为江浙菜馆的珍馐。

这道"八宝豆腐",荤素兼备,以屑制羹,用鸡汁滚,食来滑润适口,味道鲜香独特,营养容易吸收,堪称豆腐菜的无上妙品,其具体做法为:豆腐"用嫩片切粉碎,加香蕈屑、蘑菇屑、松子仁屑、瓜子仁屑、鸡屑、火腿屑,同入浓鸡汁中炒滚起锅",而且除豆腐外,"用腐脑亦可"。享用的时候,"用瓢不用箸",因为主料与配料已融合为一,筷子根本夹不起来。

夏曾传的《随园食单补证》一书云:"吴门酒馆有十景豆腐者,制亦相类。"今之什锦豆腐,恐系由此而出。然而,在饮食方面踵事增华,只是富贵人家的豪举,非芸芸众生所能常享。因此,这道菜如改用香菇丝、青豆仁、玉米粒、肉丁、红萝卜丁、西洋芹丁与虾仁丁等制作,非但材料易得,且不太费周章。其成品则五色纷呈,滋味鲜香俱全,适合拌饭来吃,保证老少咸宜,食罢余味不尽。

在此尤须注意的是,这款"王太守八宝豆腐",其所用的豆腐或豆腐脑,既碎又薄,味易渗透。如火过质老,将失去细嫩,浆味亦不净,质感就会苦;倘火候欠到,则外熟内生,味道甚难入。关于此点,依照撰述《随园食单演绎》的江苏特一级厨师薛文龙的看法，其烹调诀窍，在于"必掌微沸之汤，快速着芡。如此，方可透而不老，其味细腻"，进而"得其真味"，可以吃个痛快。

锅物妙品冻豆腐

无论是寒流来袭，或者是春寒料峭，此时，桌上摆个火锅，顿觉全身暖和，在纷纷举筷后，倍感通体舒泰。此火锅内的主配料中，我认为必不可少的，就是冻豆腐。在水未滚前，先放入锅里，当千百滚后，汤中的精华，尽为其吸纳，就口吹啜品，滋味一级棒，非等闲可比。

要制作冻豆腐，古时极简易，只消"豆腐冻一夜，切方块"即成；现在更方便，将豆腐置冰箱的冷冻格内，放上一段时间，自然变冻豆腐。其实，冻豆腐可以很讲究，甚至成为伴手礼，嘉惠四方食客，且举二例说明。

其一出自四川峨眉山，其山顶积雪终年不化，寺庙僧众每天大量制造豆腐，整担往雪堆送，做成的冻豆腐，随吃随取，物尽其用。还有的更费工，埋在深雪里，经过四五年，才挖出食用。豆腐冻成深褐色，状如木柴，有条纹或网状纹，每片重达数斤。寺观以此飨客，据说可治虚症。八年抗战期间，后方人士游山，每购此物以归，当作特产馈赠亲友。

其二来自湖北武当山。据说"活神仙"张三丰在此修炼，具有超凡气功，风度洒脱不羁，名声威望崇隆，访者络绎不绝。道观内无珍物奉客，其弟子便夜做冻豆腐，经夜而成。并在烧制菜肴时，先手撕成小薄片，既入味又易上口，博得访客称誉，因而传播四方，正式成为特产。数百年来，武当山脚下的丹江口市，百姓逢年过节，都会烧此宴客。由于其成品呈蜂窝状，类似烤麸，具有孔隙多、弹性好的特点，不仅营养丰富，而且有益健康，成为人们手信。

除了当作火锅的配料，冻豆腐在烹饪时，可用于煨、炖、烧、炒、煮、烩等法制作成菜，因味道鲜美、柔韧带爽，能适口充肠，故受人喜爱，老少咸宜。清代大美食家袁枚曾说："豆腐得味，远胜燕窝。"这里所说的豆腐，当然包括冻豆腐，何况袁枚对于烧制冻豆腐，还别有心得呢！

他在《随园食单》中指出:冻豆腐"滚去豆味，加鸡汤汁、火腿汁、肉汁煨之。上桌时，撤去鸡、火腿之类，单留香蕈、冬笋"。扬弃鸡、肉荤物，专取清雅素材，味道必然清鲜，可以隽永绵长，思之即垂涎矣。

此外，在清人童岳荐的《调鼎集》内，尚有"假冻豆腐"一味，云："豆腐用松仁切骨牌片，清水滚作蜂窝眼，入鸡丁再滚，配鸡皮、火腿、菌丁、香芃焖。"看起来很别致，滋味想必不凡，诸君依此制作，四季皆可常享，到底是真是假，也不需在意了。

砂锅老豆腐一绝

以豆腐入馔，通常取其质嫩。然而，有的豆腐菜却舍嫩求老，而且非老不用，这种另类烧法，当然异于寻常，是否别有玄机，颇值吾人玩味。

根据故老相传，位于吉林市的"富春园饭店"，开张于清宣统年间，专卖砂锅豆腐，乃当地著名的风味吃食。有一回，未能拿捏得宜，以致豆腐过嫩，无法打成块状，弃之甚是可惜。厨师为了补救，乃将整方豆腐入屉，盼它在蒸熟后，可以凝结下刀。构思虽然不错，但难控制火候。结果，蒸制的时间过长，上面布满了蜂窝眼，卖相却不怎么好，他在无可奈何下，且切下一块品尝，不料却别有滋味。于是取此试烹，推出"砂锅老豆腐"应急。

孰料"无巧不成书"，客人的反应奇佳，声誉鹊起，四远皆知，并有"视之若老，食之特嫩"的美称。"富春园"的老板见状，觑准市场需求，两种砂锅都做，老嫩悉听尊便，因而天天门庭若市，生意好到无以复加。

此菜的烧法不难，在把传统的板豆腐蒸或煮出蜂窝眼后，先用水浸冷，再滤净水分，切成四方块，与熟鸡肉丝及切丁后之海参、火腿、口蘑（亦可用香菇）、冬笋等，一起放入砂锅内，添注鸡汤烧开，并酌量加精盐。待豆腐吸满辅料滋味后，接着下豆苗、香菜，淋上麻油即成。

"砂锅老豆腐"之妙在愈滚愈好吃，在吃完锅中各料后，可下面或冬粉，严冬吃它一锅，既保暖又祛寒，堪称冬令佳肴。如再佐以白干，保证通体舒泰。

无独有偶。迄今已有百余年的杭州小吃"菜卤豆腐"，亦用老豆腐制作。其要领为：先将老豆腐切成方块，置入开水锅中，唯为防止黏底烧焦，可在锅底垫上小竹算。待以微火炖煮至豆腐呈蜂窝状时，捞出沥干备用。接着把腌雪里蕻的卤水，以细纱布滤净，于煮沸撇去净沫后，再投入老豆腐块，加适量开水，煮约半小时即成。

此小吃之味鲜香，余味不尽，既可当成小吃单食，亦能在正餐中佐酒下饭。而喜食蒜或辣椒者，临吃之际，可调入蒜泥、辣酱，风味似乎更佳，令人舌底生津。

话说回来，而今台北老字号的"天厨"，其招牌菜之一，即有"砂锅老豆腐"，我曾尝过数回，颇有"富春园"余韵。阁下品尝之时，宜佐其香酥不腻、小如茶碗的烙韭菜盒子，两者相得益彰，好使味蕾齐放，充分挑逗味觉，留下不尽相思。

菠菜豆腐二重奏

菠菜和豆腐这两味，都是平凡至极的食材，但一经渲染附会，声价则水涨船高，竟摇身成"帝王菜"。

清人梁章钜在《浪迹丛谈》一书中，提及明代的章回小说记载着：明成祖微服出巡，曾在一家小饭馆内尝到黄面豆腐干及菠菜，觉得滋味甚美，便向店家询问菜名，伙计回道："这道菜叫'金砖白玉版，红嘴绿鹦哥'，金砖白玉版指的是豆腐干子，红嘴绿鹦哥则是指菠菜。"成祖点头称善。

这则故事，经后人以讹传讹后，时空转换为清乾隆皇帝下江南之时，场景则变成杭州清河坊的"王润兴饭庄"，食材也由豆腐干子改成了油煎嫩豆腐。其剧情大概是"十全老人"当时正饿着肚子，一吃此菜之后，忍不住拍案大声叫好，无意中亮出自己身份，说了句"朕口福不浅也"，接着吟起"金镶（注：改"砖"为"镶"，意境更高）白玉版，红嘴绿鹦哥"这两句诗来。饭店老板想不到竟是"贵客"光临，不禁喜出望外，事后广为宣传，生意越做越旺。从此以后，"鹦鹉菜"就成了菠菜的别名。

我后来读了伍稼青所辑述的《武进食单》，其"菠菜炒豆腐皮"条下，记载着："取绿菠菜与豆腐皮同炒，甚适口，或以之烧豆腐，则俗所谓'红嘴绿鹦哥'、'金镶白玉版'者是也。（菠菜根色鲜红，炒菠菜例不去根，仅削去根须，故曰'红嘴绿鹦哥'，豆腐经油煎过，周围色呈微黄，故曰'金镶白玉版'。）唯事先煎好豆腐，加入佐料稍煮，然后放入菠菜，略一炒和即须起锅，不可盖上锅盖再煮，如此始能保持菠菜绿色不变。

犹记得小时候，家母便常制作这道菜。其烧法看似不难，先将一方板豆腐切成八块（如用蛋豆腐亦佳），入锅微煎至两面均呈金黄色，即摆在盘正中，菠菜则在炒过后，盛装于豆腐四周。红根绿叶与金黄豆腐相映成趣，煞是好看，甚宜佐饭，百吃不厌。

在此须特别注意的是，菠菜中含大量草酸，据说会影响人体对钙、镁等元素的吸收，且带有涩味。所以，在烹饪之前，应先用滚水略焯。这样，便可除去草酸和涩味，不仅吃得更营养，同时也更加美味，可谓一举即两得。

寻
味

千古异馔抱芋羹

　　虾（蛤）蟆，俗称癞蛤蟆，长相丑怪，却能纳财，且具疗效。日本已故的国际大导演黑泽明，曾在其自传《蛤蟆的油》一书中，指出："将蛤蟆放置玻璃箱内，发现自己丑陋形貌时，会吓出一身油，这油是日本民间治疗烧烫割伤的秘方。"他并以玻璃箱内的蛤蟆自况，希望所写出的自传，"能像蛤蟆身上的油，具有鉴往知来的疗效"，加上书中写着："我有挑战精神，亟欲为电影开创新局面"，正是他的自我写照。唯有本着此一精神，始能拍摄出数部享誉全球、至今仍脍炙人口的惊世之作。

　　被形容成"得其志，快乐无以加"的蛤蟆，唐代诗人白居易赋诗云："蠢蠢水族中，无用者虾蟆。形秽肌肉腥……"评它一无是处。其实，蛤蟆的好处可多着哩！像《医林纂要》便说："滋阴助阳，补虚羸，健脾胃，杀疳积。"同时，《本经》亦指出：它可"破症坚血，痈肿阴疮，服之不患热病"。故南方人好食其味。

　　据《西湖游览志余》的记载："宋时百越人以虾蟆为上味，疮者皮最佳，名锦袄子。唐宋之间，杭州人之俗也，是嗜虾蟆而鄙食蟹。"书中的百越人，即古代越族人所居的江浙闽粤之地，因其部落众多，故有百越之名，其地泛指江南。早在两千年前，即食蛤蟆或蛙，甚至比蟹普遍，唐宋之时，更是如此。

唐代的《云仙杂记》写道：桂州（今广西壮族自治区）好吃蛤蟆，以干菌制成糁，当成招待客人的珍馐，如果客未吃毕，把它打包回家，让儿女们享用，"虽污不耻"。宋代的科学家苏颂亦表明：南方人之所以善食蛙、蛤蟆，"云补虚损，尤益产妇"。然而，蛤蟆纯作药用，照明代药学家朱震亨的讲法，则是"或炙、或干、或烧，入药用之，非若世人煮羹入椒盐而啜其汤也"。

曾在广东当官的韩愈、苏轼，显然都吃过蛤蟆，并有诗句为证，前者云："余初不下咽，近亦能稍稍。"后者则是"稍近虾蟆缘习俗"。尽管他们都已品尝，但其具体烧法，反而没有记载。近读《南楚新闻》，终于真相大白。其做法为："釜中先煮小芋，候汤沸如鱼眼（注：水沸时之沫，状如鱼眼），即下，乃一一捧芋而熟，名'抱芋羹'。"其手法之残忍，一如泥鳅钻豆腐，纵使保留原汁原味，但为食疗及美味故，已丧失人道精神，深为吾人所不取。

家父喜食小芋，亦嗜食青蛙。家住员林时，置身农田中，常有卖蛙者。每次买一串，各斩成两件，再下麻油酒，佐以大蒜瓣，其汤极清冽，鲜美难比拟。常侍先君侧，剥芋而食之，再啜此鲜汤，父子乐融融，亦一快事也。且附记于此，今生永难忘。

爽糯醇美炒鱼面

湖北省的云梦县除了以"云梦汤饭"名扬海内外，其"云梦鱼面"更是不可多得的妙品，还曾蜚声国际，至今盛誉不衰。

云梦县又称"楚王城"，《墨子·公输篇》对其丰富的物产十分惊艳，云："荆有云梦，犀兕麋鹿满之，江汉之鱼鳖鼋鼍为天下富。"由于盛产各种鱼类，所制鱼面必然出众。不但已成为当地特色小吃，而且还可制成精美佳肴亮相。

云梦鱼面的问世，实与其布帛的量大质美有关。约在清中叶时，各地布商云集，诗人万震曾赋"布商辐辏自西来，古驿严关晓市开。三路车声一路桨，绿杨城郭近云台"之诗，以志其盛况。饮食业遂随之兴旺，酒楼餐馆次第开张。

据《云梦县志》的记载，清道光十五年（公元1835年），云梦县城内的"许传发布行"，因生意太好，乃专设客栈款待四方客商，并特聘一位技艺出众、红白两案皆精的黄姓名厨主理。一日，他不小心将准备做鱼圆的鱼茸碰翻在面案上，便顺手把它和面内，擀成面条荐餐。布商食之而美，莫不竖拇指叫好。"鱼面"之名，不胫而走。

黄厨师受到鼓励后，不断潜心研制，采用当地"白鹤嘴"之鲜鱼剁成茸泥，取"桂花潭"之水和面，添加海盐，在经过搅拌、掺和、擀面、蒸煮等工序后，置凤凰台上晒干，再用红纸包成方包，作为馈赠礼品。从此之后，"许传发布行"的"云梦鱼面"，便广泛流传于中国各地。

1915 年，一斤装切成"梁山刀"（即一百零八刀）的云梦鱼面，受邀参加在美国旧金山所举办的"巴拿马万国博览会"，与茅台酒等一起获银质奖章，进而誉满全球。

云梦鱼面色白丝细，不仅可炒、可煮、可炸、可拌，还可汆制成汤菜。其中，煮汤和干拌的方法甚易，和方便面的吃法相去不远。前者在面条煮软后，按各人食量大小，挑入碗中，加鸡汤、盐、葱花，即可供食；后者则在将面煮软时，挑入盛有酱油、少量鸡汤、葱花、姜末的碗中，拌匀后吃，别有风味。

炒的鱼面尤脍炙人口。取两盒鱼面放在钵内，下沸水浸泡三分钟捞起，再用清水略漂沥干。猪里脊肉切丝，用精盐稍腌片刻，加少许芡粉拌匀上浆，以旺火炒至卷缩断生之际，随即下鱼面、水发黑木耳、葱白、精盐、酱油、白醋，炒约两分钟起锅，撒上少许白胡椒粉即可享用。其爽糯适口、醇香浇凝的风味，让人一尝难忘。

其实，当下在台湾亦有好吃的鱼面可食，就我个人而言，以台南市的"卓家汕头鱼面店"和位于新北市永和区的"张小娥浙江小馆"所制作的，最称可口。前者主要用狗母鱼制作，如果货源不足，再羼入虱目鱼，以吃干面为主，于滚水煮熟后，加点碎肉丝、烫青菜和紫菜片即成，清爽有劲，滋味甚佳。后者则用海鳗制作，以食炒面为主，加旱芹、肉丝及樱花虾、虾仁等，以旺火爆炒，在爽脆之中，兼糯、醇及香，口感多元，余味不尽，其滋味之佳妙，似更在"卓家"之上。不过，"食无定味，适口者珍"，只要自觉味美，即能心满意足，何待他人说短长。

杭州名食片儿川

肴点是否美味，不在价钱高低，而在食材够鲜，以及烹饪得法。即使平民风味，只要滋鲜味美，亦足以笑傲食林，引起广大回响，简单的片儿川，即为其中一例。

犹记三十余年前，与同学们共饭于"三六九"，虽然酒足饭饱，尚觉意犹未尽，乃追加一碗面，其名为片儿川。它之所以吸引我，即在名字特别，不识其中滋味。食罢，对其面爽汤浓、浇料鲜嫩爽口，留下极深印象。然而，此面而今到处皆有，已不怎么新奇，说穿了，就是雪菜肉丝面而已。

片儿川是杭州百年以上老店"奎元馆"的招牌面点之一，制法简易，大享盛名。由于它最初制作时，主料的笋片、肉片、雪菜(即雪里蕻)，均用沸水汆煮，而汆与川同音，因而流传至今。但有人硬说成，它与苏轼有关，得自"无肉令人瘦，无竹令人俗"的启示。不过，当一碗热腾腾的片儿川端上餐桌时，但见肉褐、笋黄、菜绿、面白，色泽分明，引人食欲。难怪后人誉为："有笋有肉不瘦不俗，雪菜烧面神仙口福。"事实上，其真相到底如何，也就无足深究了。

近在奎元馆尝一品（指特大碗，供数人用）片儿川，但见面底（即面条以沸水煮至八分熟，捞出用冷水过晾，按每碗之分量，盘结而成一堆）置于汤中，黄白分明，分外好看。而笋、肉与雪菜制成的浇头，另摆在白盘中，临吃之际，浇头倒入碗内，拌匀而食，其味特佳。我们吃上了瘾，再叫一盘浇头，个个埋首痛食，声音咻咻价响，融入店内情景。

至于店家踵事增华的"红油八宝"及"金玉满堂"两款面食，品多味繁，徒乱人意，自然不考虑点享了。

暑食冷淘透心凉

　　炎炎夏日，食欲难开，凉面送口，此乐何及！早在唐代之前，即有今之凉面，这种消暑佳品，名唤"槐叶冷淘"。整盘碧绿，色同翡翠，好看中吃，大家都爱。

　　据《唐六典》上的记载："太官令夏供槐叶冷淘，凡朝会燕飨，九品以上并供其膳食。"诗圣杜甫于代宗大历二年（公元767年）夏天寓居成都时，曾作《槐叶冷淘》诗，诗云："青青高槐叶，采掇付中厨。新面来近市，汁滓宛相俱。入鼎资过熟，加餐愁欲无。碧鲜俱照箸，香饭兼苞芦。经齿冷于雪，劝人投此珠……万里露寒殿，开冰清玉壶。君王纳凉晚，此味亦时须。"即使流落巴蜀，忆及长安美味，健笔娓娓道来，一直念念不忘。

　　这款槐叶冷淘，本身是一种以槐叶和面为之的熟面。其具体制作方法，载之于宋人王禹偁《甘菊冷淘》一诗中，写道："淮南地甚暖，甘菊生篱根。长芽触土膏，小叶弄晴暾。采采忽盈把，洗去朝露痕。俸面新且细，溲牢如玉墩。随刀落银缕，煮投寒泉盆。杂此青青色，芳香敌兰荪……"指出它以甘菊汁和面，用刀切成细条,在煮熟之后,再放入注寒泉的水盆中浸透即成。由于面内已渗进甘菊汁,所以其颜色青碧,且"芳香敌兰荪"了。

究其实,唐及北宋初年的冷淘,采用槐叶和甘菊叶,均"性味凉苦",最能降虚火,兼清热消渴。到了后来,也不这么讲究了。像北宋末年,其都城汴京及南宋都城临安的市肆,皆有多种冷淘出售。其中最著名的,则是面细色白的银丝冷淘。

元、明、清时,冷淘依然盛行。元代倪瓒的《云林堂饮食制度集》中,记有冷淘面法,乃一款用鳜鱼、鲈鱼、虾做浇头所制成的冷面,风味甚美。明代扬州的冷面极负盛名,神宗万历年间撰成的《扬州府志》记载:"扬州饮食华侈,制度精巧,市肆百品,夸视江表……汤饼有温淘、冷淘,或用诸肉杂河豚、蛇、鳝为之。"这种"轻面重浇"的特色,足以想见当时食冷面料足味丰之一斑。

冷淘以在夏季食用为宜,北京有在夏至当天食冷淘的习俗,谚云"冬至饺子夏至面"即指此。《帝京岁时纪胜》说:"夏至大祀方泽,乃国之大典。京师于是日家家俱食冷淘面,即俗说过水面是也。"当然啦,它的味道非凡,足以傲视群伦,故有"京师之冷淘面爽口适宜,天下无比"之誉。

而今在台湾,我们所食的凉面中,亦有色如翡翠及入口冰凉者,只不过它不是用槐叶汁或甘菊叶汁和面,而是用菠菜汁,之所以会如此,想必和食材的取得及人们的习性,有着绝对关系,虽保健功能略逊,仍有去暑热之功。

酥炸樱桃小丸子

近来在"满堂红"两尝现炸的小肉丸子，直接在麻辣火锅中滚，爽润辛香，食来别有一番滋味。

据悉曾到大帅府担任主厨的朴丰田，在其口述的《大帅府秘闻》中，便透露张作霖最爱吃的菜，居然是小白菜汆丸子。无独有偶，已故的散文大家梁实秋年幼时亦爱吃小炸丸子，自称："我小时候，根本不懂什么五臭八珍，只知道小炸丸子最为可口。……有时家里来客留饭，就在同和馆叫几个菜作为补充，其中必有炸丸子，亦所以餍我们几个孩子所望。有一天，……每人分到十个左右，心满意足。事隔七十多年，不能忘记那一回吃小炸丸子的滋味。"把这个寻常吃食的味道，描绘得入木三分。

要制作好吃的炸小丸子，首在"肉剁得松松细细的，炸得外焦里嫩"，而炸的诀窍，梁实秋指出：乃"先用温油炸到八分熟，捞起丸子，使稍冷却，在快要食用的时候，投入沸油中再炸一遍。这样便可使外面焦而里面不至变老"。而吃起来的感觉，则是"入口即酥，不需大嚼，既不吐核，又不摘刺，蘸花椒盐吃，一口一个，实在是无上美味"。

至于张大帅爱吃的氽丸子，俗写为"川"丸子。这小肉丸不是用炸的，而是以高汤煮，"煮得白白嫩嫩的，加上一些黄瓜片或小白菜"，添调味料即成，非常可口。

事实上，丸子不必自己做，可买现成炸好的，"还可以用葱花、酱油、芡粉在锅里勾一些卤，加上一些木耳，然后把丸子放进锅里滚一下就起锅"；这就是熘丸子，味道相当不错，而且十分省事。

一般而言，丸子要小，才容易炸透，表皮也不会炸焦。有些地方的馆子，为广招徕，特意将这小丸子叫成"樱桃丸子"。充其实，只是形容其小罢了。

而今北方馆子在台湾式微，想吃炸小肉丸不易。幸好台北的"宋厨"擅烧此味，外焦香而内嫩，蘸着椒盐送口，能够开启味蕾，上嘴不能自休。如果尚有幸存，不妨打包回家，或者多买些个，以它充做主料，与大白菜、粉条、香菇等，用砂锅来熬煮，或做成个火锅，不论下饭佐酒，都是不错选择。

煎餪衍生蚵仔煎？

据府城父老相传，郑成功率领大军自鹿耳门港道登陆后，随即攻下普罗民遮城（今称赤嵌楼），并挥师进围热兰遮城，荷军积聚军粮，负隅顽抗，闭城坚守。由于粮食短缺，郑军无可奈何，只好就地取材，用番薯粉和水后，先搅拌做皮，再煎制成一款食品，此即所谓"煎餪"，借以补充战力。此煎餪向有甜、咸两种，早年先民困苦，每用它来果腹，变成安平当地的传统小吃。后者再加改良，内馅有蚵仔、虾仁、虾米、香菇、笋丝、瘦肉等，或煎或炸或蒸，此即肉圆起源。日后另辟蹊径，发展成简易版，即铁板上煎，这就是后世蚵仔煎的由来。

有人渲染附会，指出郑军攻台，时值端午前夕，在权宜情况下，以煎餪代粽子，成为应节食品。此等齐东野语，似乎不必深究，供茶余饭后谈助，应也是美事一桩。

所谓"餪"，本是一种古老吃食。主要是用面粉糅和成剂，作圆形坯，包馅，经蒸、煎、烤制而成的饼类食品。

这个餪，又有"餪饼"、"餪拍"等名称，凡以笼蒸者称"蒸馄"，以油煎者称"油馄"，以火炙者则叫"焦馄"。据古文献记载，这种食品源于南北朝，大盛于唐、宋。例如梁人顾野王的《玉篇》，已有"蜀人呼蒸饼为馄"之句。而此类的"蒸馄"，在隋唐之时的名品有谢枫《食经》上的"象牙馄"，韦巨源《烧尾宴食单》的"金粟平馄"、"火焰盏口馄"等。至于以油炸或煎的油馄，则见于唐代的《卢氏杂说》，其制法为："取油铛烂面等调停，……候油煎熟，于盒中取馄子臁（即馅），以手于烂面中团之，五指间各有面透出，以篦子刮却，便置馄子于铛中，候熟，以笊篱（注：水中捞物的竹器）漉出。"观其形状制法，颇类油炸元宵，而今盛行岭南的"焦堆"，即为其流亚。

由上观之，蚵仔煎出自"煎馄"之说，根本不可能成立，当为比附想象之词，一笑置之可也。

而今大行于台湾各地的蚵仔煎，或许脱胎于源自漳州的"蚝煎"和福建著名的小吃"蛎饼"，尤以后者为近。

基本上，蛎饼（台湾一称蚵嗲）是用米浆包海蛎（即蚵蚝）馅料，经油炸而成。如馅料中另加猪绞肉、葱末和酱油，即是"肉蛎饼"。当蛎饼出锅时，色金黄，皮酥香，味颇鲜美，是闽人钟爱的一款小吃，常与鼎边趖搭食，充当早点吃，别有一番风味。

我以往皆尝安平古堡街老店的那种蚵仔煎，搭配着姜丝蚵仔汤一起受用，海味十足，蛮过瘾的。而今则喜食台南国华街原石精臼的蚵仔煎。其与他品不同处，在于鸡蛋煎得老香再半扣，所内裹的，除各种类似的馅料外，尚有熬炼香透的肉臊，因而滋味更胜，如加点一碗店家独门的"香菇汤饭"，荤素并陈，一个浓郁，一个清鲜，食味之正点，笔墨难形容。

铁汉没辙的醋芹

味香辛而强烈的中国芹菜，虽风味别具，但口未同嗜。好之者喜不自胜，恶之者避之唯恐不及。在《列子》这本书中，载有一则故事，甚有趣，道出其中差异。原来有位农夫，特别爱吃芹菜，认为它的美味，好到无以复加，于是到处宣扬。村中的豪绅信以为真，尝了一次芹菜，却"蜇于口，惨于腹"，根本无法下咽，大骂农夫无知，以后碰都不碰。出身田家的唐代名臣魏徵，超爱醋芹这味，或许其来有自。

醋芹始于何时？而今已不可考，它能流传至今，正与魏徵有关。魏徵本是个"太子党"，唐太宗于"玄武门之变"即位后，不但未加罪罚，反而擢升他为谏议大夫。魏徵不辱使命，向以骨鲠著称，每每直言敢谏，颇为太宗畏惮，也因而针砭己过，成就了史上所艳称的"贞观之治"。其君臣相得的程度，甚至到了魏徵拜相时，有人告他谋反（注：这是《唐律》中十恶不赦的大罪，应下有司详鞠），但李世民听后，居然说："魏徵，昔吾之雠，只以忠于所事，吾遂拔而用之，何乃妄生谗构？"

连当事人都没问，随即杀了告密者。

即令是铁石心肠，难免也会有好恶。据柳宗元《龙城录》上的记载：魏徵有天退朝时，太宗含笑对左右侍臣说："这羊鼻公（注：魏曾当道士）啊！朕不知给啥玩意儿才能让他动心？"侍臣回道："魏徵最喜吃醋芹，每食必喜形于色，且欣然称快，可见其真态。"翌日一早，便召魏徵赐食，内有醋芹三杯。魏徵一见，眉飞色舞，食未竟而芹已尽。太宗这回逮到小辫子，龙心大悦，笑着对魏徵说："卿常言己无所好，朕今天可见着了。"魏徵反应甚快，马上跪下谢罪，但仍不忘进谏，立即趁机表示："君无为，故无所好。臣执计从事，独癖此收敛物。"太宗听罢，沉吟不语，心中一再玩索这番话。

古时醋芹的制法不详，根据兴起于20世纪70年代末期的"仿唐菜"，其制作之法为：先把芹菜沥干，投入坛中盖严，发酵三天取出；与嫩姜、冬笋、鸡肉等，一起切成小段，再以芹叶捆扎。另将发酵汤汁，连同醋、酒、盐、胡椒等，用旺火烧开，把主料余烫，接着捞入碗中，淋浇汤汁即成。其做工蛮繁复的，应非魏徵所喜食。

另一法比较简易，为：将嫩芹叶洗净沥干，放入瓦罐中，加盐略腌制，盖上盖子，使它自然发酵后取出，置锅中加酸菜汤烧沸即成。制作简易，味道郁爽，似较吻合那"田舍汉"的性情和口味。

拜陕西菜一度流行宝岛之赐，我曾尝过前法，汤味浓醇，酸辣适口，感觉还不错，唯踵事增华，少了点"野"趣，实美中不足。

勾人馋涎玉荷包

关于荔枝，它那"剥之凝如水晶，食之消如绛雪"的丰姿和滋味，不知吸引了多少文人雅士，苏东坡即为其一，他脍炙人口的《食荔枝》诗云："日啖荔枝三百颗，不辞长作岭南人。"更用鲜干贝和河豚来形容其美味，"似开江瑶斫玉柱，更洗河豚烹腹腴"，描绘传神，极有新意。

岭南的荔枝固然佳美，但而今风靡全台的，反而是出自福建的"绿荷包"。它的原产地在九龙江西溪之畔靖城镇草坂村，台湾自引进后，改名为"玉荷包"，似乎更得神韵。

有"皇帝荔枝"之誉的绿荷包，果实晶嫩玲珑，皮薄核小，肉厚质脆，啖之有如肉丸，号称"肉丸仔荔枝"，气味芬芳，清甜可口，似桂花而淡雅过之，果实自然保鲜力强，向有"恒经月不败"的说法。

光绪年间出版的《闽产录》，对绿荷包赞誉有加，冠以"皇帝荔枝"之名，只是它的分布不广，生长迟缓，定植存活率较低。在20世纪50年代时，草坂总共才十五株，即使整个龙溪地区也在百株之内，产量未及百担。当时最老的一株，离地二尺处分成四杈，主干茎围则达二百五十五公分。早在一个甲子前，尚有株产五百斤的纪录，产量并不算多，倒是颗颗饱满，世人珍而爱之。

根据《南靖县新志》的记载："武山乡藻苑社（即草坂村）产荔枝，有名'绿荷包'者，……相传明洪武间即有是果，计七株。……至清乾隆朝，漳浦蔡中堂（即蔡新，官至吏部尚书）馈赠内廷，始开贡品之源。自是，岁檄闽、浙总制，饬由道府县令乡民备五十斤以进。遂名腾遐迩。"足见它是一种新品，距今约七百年光景。

基本上，绿荷包有冷绿与稀红两种。冷绿者果熟色青，壳硬不易绽裂；稀红者熟期渐红，果壳薄软，常有裂果现象。但不论是哪一种，皆"独具甘醇之致"，且"其味之至，不可得而状也"，难怪"物少尤珍重"。

台湾不愧是个水果王国，物稀为贵的绿荷包，一到了这里，却在中南部遍地开花，化为累累果实，成为摊贩、卖场随处可买的玉荷包，为初夏注入一泓清流，让人们一亲芳泽，体会其"肌理腻白如玉"，擘食后"作荔枝之仙"。

我甚爱玉荷包，吃时不知节制，动辄尝上百颗，不怕火气上升，就怕吃不过瘾，也只有生在宝岛，才能如此放肆，如此大快朵颐，真是何其有幸。

两斤一身世之谜

最近新闻报道，食家主厨互杠，两斤一成为主角，引发了一些波澜。然而，此一上海名肴，究竟是何身世？倒是莫衷一是，权且在此正名，借以回归本源。

原来两斤一本名酿筋页，以发音及省写故，变成今日俗称的两斤一。所谓酿筋，意为面筋（又称生面筋、麸筋）瓤猪肉馅，而页则是指百叶包肉。这是老上海人的叫法，当下的上海人，则径称面筋百叶，少了韵味，但颇实际。

两斤一的变化多端，既能充当大菜，也是可口小吃。其在制作时，先用生面筋包肉后再油氽，配上百叶包肉，加汤烧煮即成。用汤极为考究，如当成人菜吃，一定得用鸡汤；只是充作小吃，则用猪大骨熬汤。至于其佐料，大菜常用火腿片及鞭尖笋切丁，小吃一律是用榨菜末。

目前在上海吃小吃，其面筋百叶，如在猪大骨汤内盛入包肉的面筋、百叶卷各两只，习惯上叫"双档"；假如各用一只，则称"单档"。甚受欢迎。台湾的江浙菜馆，早年常备此馔，广受饕客喜爱。只因制作费工，现已盛况不再。情形未获改善，必将持续恶化，终成广陵绝响，留在记忆深处。

闻香

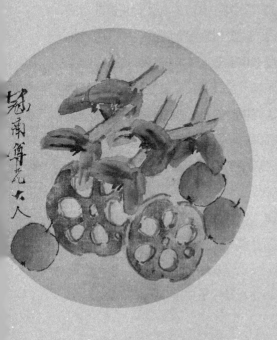

茉莉花茶扑鼻香

　　家中植有一株茉莉，茎柔枝繁，叶圆而尖，色白单瓣，清香袭人。其实，其花亦有重瓣者，色则有红、白两种，于春、夏、秋三季开花，在夜晚盛开，花香能醉人。我因长期观察，才能领略宋人王庭珪的诗句，为何会吟："逆鼻清香小不分，冰肌一洗瘴江昏；岭头未负春消息，恐是梅花欲返魂。"

　　号称"众花之冠，至暮则尤香"的茉莉花，本名抹利，是由古印度梵文中音译而来的，用它来熏茶，迄今约五百年，通称"花茶"，乃华人最嗜饮的香片之一。福州人茗饮尚之，北方人亦多嗜此，其能在清代官场盛行，实与当时的鼻烟有关。上等鼻烟，必加香料。福州之邻县长乐，盛产茉莉，外埠商人便将鼻烟运来，以茉莉花熏制，芳馥称绝。相传清光绪五年（公元1879年）时，北京茶商"汪正大"号，在福州设庄收茶，其庄主一日游鼓山涌泉寺，巧遇旧识某僧，僧本徽籍，告以若用茉莉熏茶，保证是上上品。庄主归而试之，果然美妙清奇，便将样品寄回北京，大受好评，遂大量制造，竟供不应求。其他北京茶商，如"聚义"、"隆泰"、"恒泰隆"等号见状，亦相继在福州熏制花茶，此即所谓"京帮"，又称"东直帮"，其销量极大，包括直隶和东三省等地。

至于"森泰"、"乾慕盛"、"正清"等号组成的"徽帮"，则从皖境运茶至闽，以花熏之，然后再行运回，转销大陆各地，风靡一时。而以花熏茶，福建方言谓之"窨"，其法以花分层闭于茶胚中，微火熏之，尽收香气，俗称"吃花"，须经三窨之后，方成上品。初期熏制花茶，皆在长乐一邑，茶商应运而生，著名的有"生顺"、"大生福"、"大生顺"等号。

等到民国初年，福州茶商以台湾所产的茉莉枝强花大，其种尤优于长乐，乃选购茉莉种苗，运归移植，于是闽侯近郊，白湖、远洋、战坂、北岭下等乡，皆成有名产地。从此之后，"花茶"之中心移至福州，并与苏州所产者齐名。

目前福州最著名的茉莉花茶，乃茉莉花闽毫，又称雀舌毫茉莉花茶。其在制作时，选用初春高级绿茶窨以优质伏花（产于夏季）而成，叶身细紧幼嫩，一如麻雀之舌，以汤色明亮、叶色碧绿、香气鲜灵、滋味爽口得名。其妙在冲泡三次后，尚有余香释出。有朋自福州来，赠我雀舌毫茉莉花茶，取少许置盖杯内，冲以滚水，片刻芬芳馥郁，饮之鲜灵甘美，沉浸其馨，神清气爽，真是花茶极品。忆及年幼之时，家父好饮香片，每见他握杯把玩，先闻其香气，再徐徐饮之，最后则闭目养神，一副怡然自得状。而今老人家仙逝，想起前尘往事，心中不觉黯然。只恨此等妙物，未曾侍亲品享，实乃憾事一桩。

能迷魂的酸辣汤

　　战国时的鬼谷子，不愧为一代宗师。他先后调教了四位弟子，非但个个成材，而且名扬天下。后二者尤负盛名，一为首倡合纵，身佩六国相印的苏秦；另一为倡导连横，登上强秦宰相位的张仪。他们在外交上各逞机锋，纵横捭阖，成就了"纵横家"之名，盛誉至今不衰。

　　相较于师弟之间的"文"斗，两位师兄的武斗，才真的是剑拔弩张，惊心动魄。就在他们一决生死的马陵之战前，双方的桂陵斗阵，即已精彩万分，其扣人心弦处，千古引为奇谈。

　　话说魏军统帅庞涓与齐国军师孙膑同学于鬼谷子，结为兄弟，誓共富贵。但早发的庞涓学艺未成，又陷害其义兄，把他刖足黥面，变成了个废人，梁子结得很深。当两军对垒时，孙膑摆出"颠倒八门阵"，庞涓深知此阵能变化为"长蛇"，击首则尾应，击尾则首应，击中则首尾皆应，攻者辄为所困，为了面子，仍硬着头皮攻打，结果此阵合拢，居然变成圆阵，庞涓迷惑，大败而去。此即后世所艳称的"迷魂阵"。

据《阳谷县志》的记载，该县"境内多古迹，'迷魂阵'村即为其一"。又云："当时孙膑与庞涓交战，孙膑设迷魂阵于此，村也因此而得名。"不过，依当地父老的说法，显然更有意思，而且引发美味，思之不觉涎垂。

原来魏军入阵后，冲刺了三天三夜，依旧困在核心，一直无法可施。巧遇一老人传授药方，庞涓急令随军"局长"（即厨师，今该村仍沿用此名）以大锅熬制，加醋当药引子，并添些盐调味。将士们饮服后，个个头脑清醒，终于脱逃出阵。此汤因逃阵有功，兼且酸辣可口，于是流传下来，成为当地名馔。

现今的"迷魂阵村"有大、小二处，制作此汤，亦有分别。大村的汤，将黄豆芽、粉条洗净，猪血、豆腐切条，先以葱、姜丝爆锅，加入大骨浓汤，再添以上各料烧沸，接着下胡椒粉、花椒面、醋、盐、酱油等调好口味，勾稀芡汁。上桌之际，撒上韭菜段，浇淋花椒油，以料足味酸、浓郁适口著称。小村的汤，则取绿豆芽洗净，菠菜切丝，葱、姜、海带均切细丝，香菜切寸段，炒匀即加清汤，除以上各料外，再加猪血及豆腐条等烧沸，接着添醋、盐、酱油、胡椒粉调好口味，不另勾芡，撒上香菜段，淋香油即成。其特色为汤清香味鲜，咸酸略辣，乃一款有名的解酒汤菜。姑且不论此汤是出自大村或小村，当下阳谷一地的传统筵席，都少不了它。

归究起来，"迷魂汤"即目前台湾常见的酸辣汤始祖。当享用饺子时，取此汤搭配，能醒胃生津，越吃越顺口，颇受人欢迎。如搭配白面条一块儿吃，面条之滑溜，汤汁之飕爽，亦引人入胜。且这种酸辣面，一旦开启味蕾，将如江河入海，波涛汹涌不止，寒夜吃它个一碗，"饱"得自家君莫管。

白糖葱的今与昔

　　身为台湾传统名食之一的白糖葱，早年常见于市井中，今则难得一见，即使偶尔现踪于卖吃食的民俗小摊内，也是乏人问津。这比起它当年在迎神赛会或大拜拜时走俏的身影来，令人感触良多。

　　说起它的身世，可是赫赫有名。起先称"富贵糖"，来自福建、广东。由于古代乏糖，尤其是白砂糖，只有富贵人家，才能经常受用。加上此糖特甜，多半在喝茶聊天，或吟诗作对联时，始当成点心吃，堪称闲食代表。曾几何时，经济起飞，民生富裕，随时有各式各样的糖果吃，它遂被打入冷宫，销声匿迹，从零嘴中除名，像个落难王孙。

　　制作白糖葱时，必须心领神会，加上功夫到家，才能做出上品。首先将白砂糖兑等量的水，入锅直到一一〇度以上，俟溶成糖浆后，再用慢火续滚，一斤糖约煮一小时，等到温度降至八十度左右，随即让它冷却，成固体状糖膏，色则转暗黄色。

接下来，把糖膏粘在木棒上，如同拉面般，虽用力拉扯，但不能断裂。如此反复抻拉，糖浆终变白色，从原先的一小团，竟变成好几倍大。其原因无他，当糖浆被拉开时，里面即掺入空气，使糖浆膨大起来，最后拉得长长的，直到全凝固为止。此际，形成中空的葱状白糖。

末了，将其迅速折成数个长段，再分别截成三、四寸长，将一小节一小节地置于容器内，即大功告成。

白糖葱的剖面，因抻拉的作用，有许多小气孔，吃起来松松的，口感极佳。如果功夫不够，嚼之硬邦邦的，就很难下咽了。其中诀窍所在，端在熟能生巧，不断细心体会。

当然啦！品享白糖葱时，也可变点花样，有些人怕太甜，会添加花生粉、香菜，外包春卷皮，形似小春卷，食来既可冲淡白糖甜度，也别有一番风味。不过，就我个人而言，还是喜欢原味，而且趁热快食，又甜又松又脆，不愧是好零嘴。千万别放太久，入口软软烂烂，全然不是味儿。

白糖葱还有高档做法，先制成稠状糖浆，再倒入掺杂花生粉的熟糯米粉上，双手不断抻拉，擂捶使之摊平。由于反复制作，糖浆产生层次，慧心巧手师傅，再趁隔层之间，包进花生、芝麻、香菜等，然后切成小块。既美观又中吃，外观虽类贡糖，却有特殊风格。可惜到目前为止，也只有吃过两次，很想能重温旧梦，不知几时可解馋？

但可确定的是，白糖葱虽为"小道"，其整个制作过程，却十分费时费工，已不符合一切讲求快速的工业社会，当下各个角落，很难找到专门从事这行的业者。或许此一古老行业，终将走入历史，思之不胜唏嘘。

东坡饼香酥脆美

食友自杭州回，赠东坡酥礼盒，内有紫薯、鹰嘴豆、白豆沙、核桃奶酪四色，由杭州"楼外楼食品公司"出产。据说"楼外楼"在研制"东坡宴"时，参考清代《调鼎集》的做法："炒面一斤，熟脂油六两，洋糖六两，拌匀揉透，印小饼式（上炉炙）。模内刻'东坡酥'三字。"以芸豆粉做皮制馅，成品香甜酥软，可口怡人。我赶忙拈起一块，就着东方美人茶吃，忽忆起苏东坡食饼吟"小饼如嚼月，中有酥与饴"的诗句，不觉襟怀顿开，发思古之幽情。

此一东坡酥，又称东坡饼，现为湖北小吃，前后共有两种，皆非东坡所制，却假东坡之名传世。其一为赤壁东坡饼，其二则为西山东坡饼，虽均出自黄州，但制作方法各异，味道有别。

一、赤壁东坡饼。话说苏轼被贬为黄州团练副使，居住在黄冈赤壁睡仙亭。亭北安国寺的长老参寥和尚，常与苏轼弈棋赋诗，结为莫逆之交。苏爱食油炸食品，参寥便以精致的千层油酥饼款待。久而久之，出自对苏轼的仰慕，便将此饼命名为

"东坡饼"。此饼色呈金黄，以翻卷如花、酥脆香甜著称，好此味者，不乏其人。

另，《调谑编》上记载着："东坡在黄州时，尝赴何秀才会食，油果甚酥，因问主人此名为何，主人对以无名。东坡又问：'为甚酥？'坐客皆曰：'是可以为名矣。'又，潘长官以东坡不能饮，每为设醴（甜酒），坡笑曰：'此必错煮水也。'他日，忽思油果，作小诗求之，云：'野饮花前百事无，腰间惟系一葫芦。已倾潘子错煮水，更觅君家为甚酥。'"后人遂以此饼为"为甚酥"、"东坡酥"。按：此酥原是炸油果，形同馓子，又酥又香。而今所制成者，形呈千丝万缕之势，有盘龙虬绕之姿，酥脆香甜，其味颇美。凡游黄州赤壁者，未食此饼，诚一憾事。

二、西山东坡饼。东坡谪居黄州，经常泛舟南渡，游览西山古刹，与寺僧过从甚密。寺僧以菩萨泉水（注：此水清澈甘甜，含多种矿物质，以之和面，不需另加矾碱，包括苏打在内，制饼自然起酥）和面，炸制成饼相待。东坡食之极美，喜道："尔后复来，仍以此饼饷吾是幸！"此后，当地人便以"东坡"名饼。

清穆宗同治三年（公元 1864 年），湖广总督官文畅游西山，品茗尝饼之后，觉饼香甜酥脆，乃叩问寺僧道："此饼何名？"僧对以"东坡饼"。官文闻言大喜，即兴撰联一副。联云："门泊战船忆公瑾，吾来茶语忆东坡。"从此之后，此饼便成鄂州市西山灵泉寺僧待客的美点，以色泽金黄、香甜清润、口感酥脆而著称于世。

老实说，以"老饕"自命的东坡，的确够馋，肚量又宏。《清暑笔谈》指出："东坡偕子由（其弟苏辙）齐安道中，就市（今黄冈）食胡饼（即烧饼），粝（本意为粗，这里指酥）甚。东坡连尽数饼，顾子由曰：'尚须口耶？'"人生得意，本须尽欢，何必忌口？且如此吃法，想来就过瘾，一旦躬逢其盛，那股快乐劲儿，千言万语难尽。

臭冬瓜万里飘"香"

宁波有句土话:"三日不吃臭咸菜,脚步迈不开。"而在林林总总的臭咸菜中,又以臭冬瓜和臭苋菜梗的名号最响,也最普及,是一款下饭佐粥的"无不妙品"。

船王包玉刚是宁波人,身家亿万,富甲一方。有一次,他侍父归故里,准备猛撒金银,以父亲的名义,好好回馈地方。此一阔绰豪举,自然受到地方官员和家乡父老的欢迎,邀宴于"状元楼菜馆"。此馆大有来头,好菜不胜枚举,像苔菜面托黄鱼、盐水蛏子、蛋炖蛤蜊、锅烧河鳗等,均是一时之选。包玉刚在尝完这些经典菜色后,心怀大畅,指名要吃阔别已久的"里味"——臭冬瓜。

然而,这种不登大雅的"粗菜",非但"状元楼"未备,别家餐馆也没供应,一时之间,上哪儿找去?幸亏菜馆经理的反应快,催人四处速搬救兵,皇天亦不负苦心人,终于在一老妈妈家求得一碗,勉强应付过去。

包氏父子一尝,心里惬意极了,才转眼间,一扫而空。船王不仅大声叫好，极口称赞，还感慨地说："我在海外想臭冬瓜想了四十年，今天总算如愿以偿。"此事一经渲染，海外游子归来，无不点名品享。光是宁波一地，竟平添了细数不尽的"海畔逐臭之夫"，足见"口有同嗜"。

臭冬瓜一族中，臭苋菜梗可谓独占鳌头，据清人范寅的《越谚》记载："苋（注：在台湾梗叶同食，但大陆只吃其叶，故植株越长越高，大老远就看得见，乃以"苋"字为菜名），其梗如蔗段（注：截成二寸许），腌之，气臭味佳，最下饭。"其具体的做法，乃将苋菜之老梗（一称"干"）"用滚水煮熟，置于坛（即臭卤瓮）中，以盐腌之，经半月余，觉有臭味，然后取而食之"，且"不俟其臭腐不食"。臭冬瓜的做法同出一辙，唯在制作前，必须先切块。吃的时候，置于碗中，上洒几滴香油。除咸鲜够味外，尚带些许的酸，吃起来特别"香"，确是一道四时皆宜的开胃好味。

至于吃臭苋梗之妙，则在其"臭熟后，外皮是硬的，里面的蕊成果冻状，嚼住一头，一吸，蕊肉即入口中"，极宜佐粥。湖南人管它叫"苋菜咕"，只因吸起来"咕"的一声，描绘传神，可付一笑。

食在生活

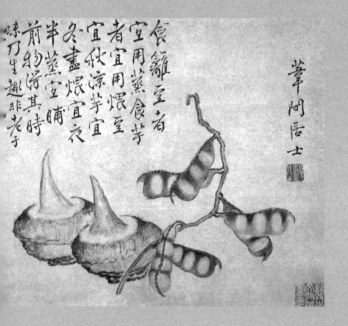

食籠豆者，宜用蒸食芋者，宜用煨豆者，宜用蒸空晡豆者，宜用凉芋，宜冬盡煨宜夜，半蒸空晡前物得其時，味刀生趣非老子

莘阿居士

吃春酒启新机运

中国人讲究"无酒不成席",因此,过年前的两大重头戏——尾牙和饮春酒,自然就少不得酒。不过,所谓的"饮春酒",一向有广义和狭义之分,狭义的春酒,指的是纯吃酒,像北方人喝的是烧酒,南方人则喝米酒。至于广义的春酒,指的是立春的春宴。例如《仪封县志》和《考城县志》皆记载着:"立春:迎春,观土牛,饮春酒。"

此外,新春时期的春宴,基本上是从初五起,持续个好几天,止于元宵节。而在这段期间内,亲戚朋友和邻里之间,亦会互相宴请和拜访。关于这一新年后的宴请,中国的华北地区,称之为"请春酒",《天津县志》即记载着:"亲友诣门互拜,数日交相宴会,名曰'请春酒'。"另,在东北地区,又称它为"会年茶",《盖平县志》亦有元旦"后十数日,此往彼来,有携物品为礼敬者,张筵招宗族亲友饮春酒。名曰'会年茶'"之记载。以上皆表明着,春酒这词儿单独出现时,专指立春当天宴席;如果春酒和其他食品(例如春饼、春盘)共同出现时,那么所饮的酒，必然是烧酒或米酒。然而，春酒本身就涵盖着两种意义，不管它是立春的家宴，或是春节期间内官家或商家的春宴，总之，都离不开酒。

在立春的宴席上，春饼和春盘必不可少。春饼即是现在的春卷或润饼，由于它的皮薄若蝉翼，也叫"薄饼"，且须以韭菜为主料，象征绿意生春。一般的馅料，通常再用豆芽、肉丝、笋丝、豆干丝；考究的人家，还会添加鸡肉丝、海蛎、虾仁、韭黄、冬菇丝等，倘将春卷炸透，则叫"炸春"。食此二者，其目的不外迎春接福。他如吃生菜（含白萝卜、红莱菔等辛味菜蔬），取名"咬春"，都寓有"饮酒庆新春"及"荐辛（新）"之意，以示开春吉祥。

除立春当日外，正月初五俗称"破五"，可以开市经营。中国江南一带，且谓当天为"路头神"生日，故商家"金锣爆竹，牲醴毕陈，以争先为利市"，祭罢则吃春酒。又，闽台地区于正月初九拜完"天公（即玉皇大帝）"后，当夜或第二天便"请春酒"，请亲友们相聚。唯时至今日，大家都图省事，请春酒之举，几乎由主人在初一到十五日之间，择一日请客人吃，而且对象不拘，及于公司行号，多在餐馆设宴，席间杯觥交错，菜色亦不讲究。反正吃个春酒，彼此联系感情，迎春兼开新运。

迎春食巧过好年

虎虎生风的一年即将告别，转眼之间，献瑞的祥兔已翩翩到来。在这一送一迎中，其间最重要的，莫过于过年，尤其是过个好年。而今生活富裕，衣服随时可换，好料随处能吃，年味已淡了些。然而，习俗不应忘，口彩更可贵，吃饱又吃巧，过起这年来，才觉有意思。

在除旧布新中，关键时刻是除夕，其重头戏的年夜饭，普受举世华人重视，全家围坐一圈，象征团圆和乐。

这顿饭在台湾，俗称"围炉"。通常在饭桌上摆个火锅或砂锅。而这锅热菜里，又名"长年菜"的芥菜必不可少，有萝卜也不错，因为菜头和"彩头"乃一音之转，放些鱼丸、虾圆，贡丸更好，象征合家团圆，如果三者俱备，就是个"大三元"，口彩好到不行。如果还有全鸡，来个"食鸡起家"，岂不更妙？

只是当下小家庭居多，无法像古早那般，鸡鸭鱼肉，应有尽有，鲜腊荤素，一应俱全。既要顾全口彩，又要吃得尽兴，依我个人浅见，这锅腾腾热菜，不如用芥菜鸡，可视人数多寡，用鸡腿到全鸡，全部窝切成块，芥菜专取嫩心，加些嫩叶亦可。如果嫌量不够，加些萝卜与贡丸等，虽然简单朴素，顾全营养健康，在滚滚氤氲中，全家和乐融融，即使寒流来袭，也是窝心得很，让人感觉有如一股暖流上心头。

除这锅热菜外，表示"长长久久"的韭菜，不论清炒或加肉丝炒，都很下饭下酒。而菜肴经火一炸一熏，即代表着家运兴旺，这时准备些炸鸡、卜肉（炸猪里脊）、熏鸡、熏猪头肉等，皆为不错选择。而以下的这些菜，全有连连妙喻，充满如意吉祥。比方说，炒个什锦菜，一称"安乐菜"，又叫"如意菜"，食罢大鱼大肉，最宜食些菜蔬，保证如意安乐，整年事事如意。而这豆腐嘛，取其谐音"都福"，代表着"全家福"。至于腐乳肉，或近年流行的腐乳鸡，口彩尤其棒，以音似"福禄"，更令人爱煞。

又，指标菜之一的鱼，该如何受用，学问可不小。此鱼最好是用鲢鱼，鱼得用整条，最好有两尾，取其"连年有余"之意。但此鱼在年夜饭时，有些是摆摆样子，也有的人主张不能吃个精光，非得剩下一些，这样才算有余。而讲究的人家，绝不能吃头、尾，这样做起事来，才会"有头有尾"。看来习俗因人因地而异，最重要的，则是多说些吉祥话，每个人听了都受用。

吃罢年夜饭，接着是守岁。在这个当儿，水饺是要角。一方面固然是正岁交"子时"，一旦吃饺子，即寓有"更岁交子"之意，代表着从此之后，一元复始，万象更新。另方面则因饺子形如元宝，希望大家招财进宝。

年初一一大早，又该吃些什么？我个人以为还是吃年糕搭配芋头汤最好。年糕可甜可咸，做法可蒸可煎可炸，吃法细数不尽，食罢怡然自足，况且"年年高升"，又哪个人不爱？而那芋头汤，也有典故的，无非取"遇头"的好兆头。

一早吃毕，最常见的活动，就是去拜个年。台湾人去拜年，"食（呷）甜"必不可少。就在食甜之际，得讲些吉祥话，彼此才有光彩。说完了场面话，客人即使不想吃盛装在朱漆木盒或九龙盒内的干果及甜食，也会拿取一物以示尊重、恭贺之意，凑个趣儿，图个吉利。

年初一的午晚饭，其实大家已吃撑了，不妨吃简单些，休养生息，来日再战。有的人干脆用面条和饺子煮一大锅，管它叫"金丝穿元宝"或"银丝吊葫芦"，又金又银的，口彩还真好。我会建议来个羊肉炉，多准备些豆腐皮、冻豆腐、大白菜或高丽菜等配料。毕竟，春节（正月）为"三阳开泰"之时，羊与阳同音同调，且"羊，祥也"，这时节尝这种灵兽和吉祥物的化身，正如《西游记》上所说的：设此三羊，"以应开泰之言"，可以增长气力及福气。

而在品享羊肉炉时，将前一夜未吃或食尚有余的鱼儿，放进去一块儿滚，也是不错的法子。既可互济其美，汤头格外醇厚，而且合起来又是个"鲜"字。还是清代诗人赵翼说得好，其诗云："李杜诗篇万口传，至今已觉不新鲜。江山代有才人出，各领风骚数百年。"喝了这锅鲜汤，启迪大伙儿灵感，充分发抒才情，保证在兔年大展才华，大显身手。

初二是回娘家的日子，台湾从南到北，到处车子塞爆，气氛好不热闹。由初五开始到元宵节这段期间，人们会选一天或择数日款待亲友，一般称"请春酒"或"春宴"，有的地方则叫作"会年茶"。人数不一，丰俭不拘，及于公司行号，多在餐馆设宴。不过，现今的台湾，请吃春酒的日子，多半选在正月初九或初十，待初九拜完"天公（即玉皇大帝）"后，当夜或第二天，即是请亲友相聚的辰光，纵使非约定，但此俗已成，一日跑几摊，不是新鲜事。

今年的正月初二，适逢立春。这天为农历二十四节气之首，有很多地方就会选这天吃春酒。例如《仪封县志》和《考城县志》均记载着："立春：迎春，观土牛，饮春酒。"大体而言，"春酒"这词儿单独出现时，专指立春当天的宴席；其主要食品为春饼，或称春盘。而所饮的酒，必然是烧酒或米酒，大江南北，民风颇有不同。

基本上，春饼这玩意儿，早在唐宋时已有。当时的吃法，是以薄饼加上时令萝卜、季节蔬菜等，皆切成小条，煮熟再包裹而食。到了明代，正式成为宫廷御食。据《酌中志·饮食好尚》的记载："正月……立春之前一日，顺天府于东直门外（'迎春'），凡勋戚、内臣、达官、武士……至次日立春之时，无贵贱皆嚼萝卜，曰'咬春'。互相请宴，吃春饼和菜。"及至清朝，饮食巨著《调鼎集》所记载的春饼制法为："干面皮加包火腿、肉、鸡等物，或四季时菜心，油炸供客。又，咸肉、腰、蒜花、黑枣、胡桃仁、洋糖共劖碎，卷春饼，切段。又，柿饼捣烂，加熟咸肉肥条，摊春饼，作小卷，切段。单用去皮柿饼，切条作卷亦可。"另有火腿春饼，野鸭春饼及韭菜春饼等名目。种类繁多，手法多元，让人叹为观止。

话说回来，春饼即是现在的春卷与润饼，春卷须用油炸，又透又香又脆，可谓三绝。润饼则吃本味，既扎实又料多，真是可口。

由上观之，过年只要会巧食，就会吃得呱呱叫，图它个整年吉利，可以祥和如意。从连年有余起始，接着万象更新、三阳开泰、年年高升，一直到开春吉祥。一连串的好口彩，必然能增添福禄。当这个祥兔献瑞之时，即可一跃千尺，进而一飞冲天。

趁着龙年食补疗

　　曾有人很自豪地说："天上飞的，不吃飞机；水中行的，不吃船舰；地上跑的，不吃车辆。"话讲得很夸张，也因而有意思。不过，在十二生肖中，能天地皆有别名的，只有虚无缥缈的龙。有趣的是，它们不但都是食物，且有补益和治病的效果，说起来还真神奇哩！以下所要介绍的，则是有"天龙"之称的蜈蚣，有"地龙"之名的蚯蚓，以及在海滩泥地钻洞的土龙。

　　首先要谈谈的，为毒性甚强、走窜迅速、能啖诸蛇的蜈蚣。只是它明明在地上爬，却被叫作"天龙"，我实在莫名其妙，还盼读者们有以教之。

　　俗称"百脚"的蜈蚣，喜栖居于潮湿阴暗之处，其分布范围极广，几乎涵盖全中国。历史上向以苏州产者最良，背光脊绿，足赤腹黄。当药用时，甚至有"舍苏蚣均不可用"之说，足见其名贵。然而，明明是人间天堂，竟成此一丑怪之物的大本营，还真令人难以置信。

　　目前中国蜈蚣每年产量最多的地方，当属浙江的岱山县，平均可达一百七十万条，堪称"蜈蚣之乡"。这么多的蜈蚣，多半充作药用，有些则被吃掉，其食味之佳美，倒是有口皆碑，甚为饕客推崇，而且古今皆然。

据古文献记载，早在晋代之前，人们即吃蜈蚣，同时评价颇高。例如晋人葛洪《遐观赋》上说："南方蜈蚣大者，长百步，越人争买为羹炙。"至于它的味道，反而众说纷纭，像沈怀远的《南越志》认为："曝为脯，美于牛肉"；《临海异物志》则云："以作脯，味似大虾。"我早年曾在嘉义鹿草和宜兰员山的食堂，尝过鲜活蜈蚣，可惜非炸即熏，品不出其似啥，但滋味绝不差。

犹记得金庸武侠小说《神雕侠侣》内，提及北丐洪七公捕食蜈蚣之法，经查《清稗类钞》，方知此法出处。原来"道光以前，青浦之畲山人喜食蜈蚣。其物味美而色白，长可三四寸，阔如指。欲食者，须于四五日前烹一鸡，纳蒲包中，置山之阴，越宿取归，蜈蚣必满。连包煮熟，出而去其首足与皮，复杀鸡，燀汤煮之……"此外，岭南老饕的食法稍异，乃"把公鸡毛用土掩埋地下，过了若干时日，挖掘泥土就得蜈蚣窝。把蜈蚣捉来后，放在水里烫，烫得半熟捞出锅，就可以像剥虾壳一样，把蜈蚣壳剥除，连头带毒螯一齐剁掉，而其玉白细嫩的肉……样子像虾仁，味道比虾仁还鲜美"。金庸生于浙江，长住香港，自然熟悉典故，运用于小说中，也就不足为奇了。

蜈蚣曾是粤式满汉全席的一道前菜，不仅生吃，而且讲究。其长短有一定规格，以每条五寸为合度，食客每人两条。上席之前，先用一个红纸封，将其套住密封，放在白瓷碟上，接着由老经验的堂倌捧进，声明这是蜈蚣。客人想吃的话，便取出套封，置桌面上，用手按定，让蜈蚣摆正伸直，随即捂住其头尾，以超熟练的手法，扣紧蜈蚣之头骨，用手一扭，头即分离；再用手一捏，尾节立断。就在这时候，封套露出小孔，堂倌轻轻一扯，肉即脱壳而出，光滑透明，晶莹如虾，置寸碟内，即可奉客。

这种食法，鲜活耀眼，惊心动魄。但一想到它能通瘀、散热、解毒，且"内而脏腑，外而经络，凡气血凝聚之处，皆能开之"，我就朝思暮想，颇欲一尝为快。

其次想聊聊的，则是通筋活络，"体虽卑伏，而性善穴窜，专杀蛇蛊三虫，伏尸诸毒"的蚯蚓。

原名蚯蚓的地龙，"乍逶迤而鳝曲，或宛转而蛇行"，它所以名地龙，相传与宋太祖赵匡胤有关。原来他老兄登基不久，操劳过度，患"缠腰蛇丹"症，并发了哮喘病，痛苦不堪，群医束手。一卖药郎中，奉旨入宫内，先察看病情，见环腰出水泡，有如串串珍珠。乃去殿角开启药罐，取出几条蚯蚓，撒上些许蜂蜜，马上溶为水液，再用棉花蘸涂太祖患处，太祖立刻感到清凉舒适。然后，他又捧另一盘蚯蚓汁请太祖服下，太祖惊问："此乃何药，既可外用，又可内服？"郎中回禀："皇上是神龙下凡，民间俗药岂能奏效？这药叫地龙，以龙补龙，当可痊愈。"太祖听罢，心神始定，把"药"咽了下去。医治七天后，居然疱疹落，哮喘亦止息。从此，地龙的名声及疗效，众所周知。

俗话说："偏方气死名医。"蚯蚓上邀圣眷，而且着手成春，并非始于郎中。早在两千余年前，《神农本草经》已载蚯蚓入药。不光在中国，欧洲 14 世纪的《百科全书》内，亦提到："蚯蚓粉夹面包，可治胆石和黄疸；蚯蚓灰调玫瑰油，可治秃发。"这种偏方是否灵验，我可不能保证。不过，古代以蚯蚓入药，"须取白颈，是其老者，或路上踏死者，名千人踏，更良"。听起来怪怪的，果真如此方佳？仍然莫明所以，或许是经验吧！

数年前，曾在报上看到一则新闻，指出：英国某小学校长，年届耳顺，好食蚯蚓，努力挖掘，日食数十条，已历十寒暑，尚乐此不疲。接着又报道，南太平洋某群岛，其土著偏嗜生吞蚯蚓，少此不欢。由于蚯蚓性味咸寒，具有清热之功，原住民因天热而喜食，还可理解。该校长若非体质躁热，怎会出此下策，竟将活生生的地龙，一一送入口中？

我曾狠狠摔了一跤，腰椎极疼，下肢麻木，坐立难安，致有湿热之疾，加上血压略高，大夫乃在药材内，另添数钱地龙粉，盼"能解诸热疾下行"。但闻熬好的汤汁中，隐约浮现腥气，非得紧锁眉头，否则无法下咽。现在血压仍高，有人推荐偏方，"用活蚯蚓三至五条，放盆内排出污泥后，切碎，以鸡蛋二到三个炒熟，隔天吃一次，至血压降到正常为止"。我虽有心治愈此疾，却要这么杀生，而且迁延时日，不知伊于胡底？看来也只好放弃了。

最后才隆重登场的，则是台海名产的土龙，此尤物以产在鹿港者最佳，若论传奇性，更远在其他的海鲜如蚵、蚵、西施舌、白北仔（鲭鱼的一种）、文蛤、乌鱼、虾猴之上，滋味绝美，疗效甚优，历来即是行家眼中的珍品。

学名波露豆齿蛇鳗的土龙，栖息在泥滩的洞穴里，其外观与鳗相近，差别主要在鳗的嘴阔，土龙的嘴尖；鳗靠尾扇游泳，土龙则好钻洞。又，其习性为：大白天休憩，只有在清晨及晚间涨潮时，才出洞外觅食，爱吃活虾及虾猴，其吃虾猴之法，堪称一绝。先将尾尖探入虾猴洞内，再以螺旋状一翻搅，虾猴不堪其扰，马上逃出洞外，正好让它吞食。至于讨海人抓土龙，有用虾猴当饵钓的，或用网的、电的，还有用刺的。只是遍体无伤擒获的，可存活一个月，甚至耐命一年；而受了伤的，一两天即死，卖方急着出货，势必身价大跌，诸君要补，不可不知。

有趣的是，土龙亦有山寨版，比它短身的叫"短戳"，比它长身的称"长戳"，必须详加比较，始能看出端倪。以一斤重为例，土龙约长三尺二寸，鲫鱼眼，骨刺如虱目鱼刺；短戳仅二尺一寸，刺如倒钩；长戳则三尺七寸，倒吊猫眼。其最大的差别，还是在尾巴，短戳的较扁，长戳的略尖，而土龙最明显处，却是有点红朱，鲜明透亮。

纯就滋味而言，相去并不太远，但对补益来说，应有天渊之别。毕竟，土龙的功效在减"龙骨（脊椎骨）"酸疼，治关节风湿，通筋脉血路，且疗效显著。但不论是长戳、短戳，吃起来"无效"，只能论斤卖，还乏人问津。

土龙不能乱补。年幼者只能吃四、五两重的，徐徐收功，过犹不及；年长的则食大尾，越大尾越够力，如果不济，再补一尾。通常吃过土龙，非三日难见效，甚至一周后，才有个谱儿，很多初次尝的，以为立竿见影，隔天就要见效，因而常与愿违，老是嚷着无效。

我未食过土龙，但喝过用它浸泡的药酒，据说疗效非凡，甚至超过本尊。或许只喝个两杯，体会不出其妙用。

拉杂走笔至此，所谈皆是"龙"肉，盼让阁下一新耳目，如大开眼界后，更想身体力行，那就恭喜各位，不但尝到异味，而且药到病除，进而通体舒泰，过个好的龙年。

爱食菜尾无贵贱

　　古早的农业社会中，物质普遍缺乏，在那个艰苦的年代里，人们平日想满足口腹之欲，实非易事。因此，就会想点名堂、弄些花样，好好打个牙祭。此外，婚丧宴席绝对是不可或缺的要角，每让人们恣餐饱啖，吃得不亦乐乎。有幸赴宴的人，固然兴高采烈，没法子去的人，自然扫兴极了。为了弥补这个缺憾，主人便请客人把吃剩的饭菜，一一打包带回，好让未参加的，也能共享滋味。而这些打包带回的饭菜，正名叫作"馂"或"馂余"，俗称"菜尾"，乃一种不登大雅的食品，故有"馂余不祭"的说法。

　　如把这些菜尾连同残汁混在一起，摆上一段时间，就会产生一股特别的酸香味，食来别有滋味。山东人将这种天然成形的再制品，称为"渣菜"。此吃法今日视之，即使其在食前，已经煮沸过了，仍不值得提倡。不过，人们会吃"渣菜"，并无贵贱之分。只是穷人多半不得已而食之，但富贵中人却嗜食此味，未免就太不寻常了。

孔府是"天下第一家"，贵登极品，富甲一方。其主人为至圣先师孔子的后裔，受封为"衍圣公"。传到第七十六代的孔令贻时，已是清朝末年。据他的女儿孔德懋在《孔府内宅轶事》一书里指出："听说我父亲生前除了喜爱珍馐美味，还爱吃'渣菜'，……说是有股酸味，好吃。曲阜城里有两家'大户'，孙家和蒋家，前清年间当过道台之类的官。我父亲常和他们来往，每逢他们家里有喜庆寿筵，我父亲就派当差拿着盆去要'渣菜'，人家不好意思真的给'渣菜'，现给做些菜，混在一起烩烩，设法做得像一些，否则我父亲不爱吃。"孔令贻这种自家吃不够，还要向人讨的吃法，当然让家人受不了。其继室陶氏只得另开"小灶"，以免看了恶心。

其实，"渣菜"并不完全是由馂余形成的，像山东省的一般人家，常将蔬菜和豆浆炒烩成可口的下饭菜，若把这种家常菜放久一点，也会产生一股酸香的味道，与馂余所释出的味儿，倒有几分仿佛。因其味淡香清，除齿颊留芳外，感觉特别爽口，甚为吃惯油腻的孔令贻所喜，常在春、秋时节，差遣仆人到孔林中，采集一些野菜，再加点当令蔬菜，与豆浆烩制成这种"渣菜"。少此不欢，无此不乐。

讲句真话，口有同嗜，不分贵贱，台澎金马也有些地方，即以菜尾为基础，发展出另一套美味来，像宜兰的"西卤肉"、金门的"燕菜"即是，五彩缤纷，食之爽滑，味道真棒。纯就燕菜而言，我曾在金门的"联泰餐厅"及"阡陌餐厅"吃过甚佳者，食味津津，确为妙品，今日思之，仍觉有味也。

换个角度来看，一个人的饮食嗜好，和他本人的身份，应该毫无关系。基本上，只要我爱吃，没啥不可以。但有个大前提，就是讲究卫生；倘为一时嘴馋，因而吃出毛病，损及身体健康，那就划不来了。

关于无心炙种种

唐代宰相段文昌"尤精馔事",曾编过五十卷《食经》,盛行一时。其子段成式,曾任校书郎,于博学强记外,亦善乐律,且承袭家风,精于品味,所撰的《酉阳杂俎》一书,其《酒食篇》极精辟,乃研究南北朝至唐中叶的饮食宝典,就中的掌故轶闻,百读不厌。

有一天,段成式骑马出猎,错过中餐,饥饿难耐,只好在荒郊的某户人家叩门求食。老妇启门迎客,燃柴架锅,怎奈家中仅有猪心而无配料,便切细再水煮成"炙臛(肉羹)",聊给饿汉充饥。段在饱食之后,觉其滋味之美,远胜官宦之家的肴馔,认为此菜随意烹调,居然如此味美,实因发挥食材自然之性,控好火候,才能美味至斯。

段回到相府中,虽然满桌佳肴,但他所念念不忘的,仍是那碗"炙臛",便令厨师依法烹制,味道果然不相上下,由于"无心成菜菜自美",乃将它命名为"无心炙"。

清代著名的猪心菜,乃《调鼎集》记载的"烧猪心"和"糟猪心"。前者制法较易，仅把猪心"切丁，加蒜丁、酱油、酒烧"，因其口感甚佳，至今仍是上海地区的传统菜肴，民间且常用此馔补心血之不足。

约在一甲子之前，台南人氏黄昌蓉君为谋生计，在保安宫前设摊卖当归鸭，但售此味者甚多，而且处理鸭子极费工夫，在竞争压力大和利润有限下，只好另辟蹊径，把脑筋动到不需太费事的猪身上，并制作出各式各样的小吃菜。

其中最著名的一味，乃别出心裁的猪心冬粉。其制法出自福州，号称"水响炖"，亦即所谓的隔水炖。

黄氏的猪料理，采用当天的温体肉。其猪心冬粉在制作上，先把猪心片得飞薄，置于特制的铝杯中，浇淋熬四小时之久的猪脚高汤和些许调味料，接着将铝杯放在原味大锅中略烫，约一分钟取出，质地紧脆并带腴嫩，而且不失本味，加上口感颇佳，光食此心，即可大快朵颐。

随即捞出铝杯，添入冬粉、姜丝，通通放在碗中，搭配调料即成。其妙在猪心与冬粉的质地相近，彼此相容，先吃片猪心，再吸口粉丝，最后呷口汤，三者分纳口中，竟能一气呵成，堪称可口小食。然而，此一妙物务必趁热快食，如果外带或放凉再吃，时间一长，腥气即重，不堪细品，那就瑕必掩瑜，滋味大打折扣了。

由于猪心有安神宁志、补益心血的作用，因而心血不足、心烦不寐、心悸自汗、怔忡健忘之人，宜常食此。我这个"伤心人"，因"别有怀抱"，特爱食它，借以吃心补心。台南黄氏的猪心冬粉，现已由其子阿文及阿明继承衣钵，各逞佳味，分庭抗礼，各有其爱好及拥护者。

餐桌之上应惜福

好在餐桌上摆阔，乃人情之常，古今中外，莫不如此，但此歪风诚不可长，应有所节制才是。

宋朝时，官拜节度使的孙承祐，出手阔绰，常在家中"一宴杀物命千数"，并自夸道："今日座中，南之蝤蛑，北之红羊，东之虾鱼，西之果菜，无不毕备，可谓富有小四海矣！"他这种摆阔的作风，简直像个暴发户。但换个角度来看，在往昔运输不便的情形下，他老兄竟能统统搜集到手，其财力之雄厚，由此可见一斑。

无独有偶。罗马皇帝维特利奥也颇好此道，曾在一次宴会时，备齐一千两百个牡蛎，这在今日看来，只是小事一桩，当时可是豪举。有一天，他为了招待主教，更使出浑身解数，席间烹熟二千条不识其名的怪鱼和六千只珍禽奇鸟。尤令人震惊者为，他居然是个"怪味大王"，像海鲷肝、鸡脑、火烈鸟舌与海鳗乳汁等玩意儿，都是他的最爱。为了弄到异味，他竟派遣一支庞大的船队，经年累月地在地中海里搜寻。

明代权相张居正享受惯了，即使山珍海味，都不足以勾起他的食欲。《玉堂丛语》记其奉旨归葬，"始所过州邑邮，牙盘上食，水陆过百品，居正犹以为无下箸处"。他的行径与日食万钱、仍无法下筷子的何曾，同样受人訾议，斥为浪费荒唐。

其实，饮食贵在量力而为，适可而止。是以暴殄天物，本就不该，而暴饮暴食，亦不可取。比方说，英王亨利八世为了解馋，舍得猛撒银子，成天大吃大喝。据说光是一顿早餐，就吃十个鸡蛋、两盘杂食、三大片炙牛肉和一方火腿。中午则是烧烤全羊，供他一人大嚼。晚餐更是精彩，摆满整整一桌。从傍晚开始吃起，一直持续到半夜，而且不停地干杯，真不晓得他的肚量到底多大！尤令人讶异的是，天天如此，全年无休。他也因而落得个"饕餮大王"之名，堪为暴饮暴食的代表人物。

能吃固然是福气，但不宜享用太过。即便是富有四海、君临天下的皇帝，亦应崇俭惜福。《唐语林》中记载一则轶事，深值吾人省思。话说唐肃宗仍是太子时，曾侍候玄宗用膳。当他把切过肉、上沾着油的刀子，往胡饼（即今之烧饼）上抹拭时，玄宗看了，很不高兴。直到他拿起饼送口后，玄宗这才露出笑容，正色对肃宗说："福当如是爱惜。"

"人饥而食，渴而饮。"（语见《礼记》）乃天经地义的事。但在讲究饮食之前，实不应只求气派，浪掷金钱；而且要量力而为，适可而止。朱柏庐《治家格言》上说："一粥一饭，当思来处不易。"这句话若能常在我心，相信必能乐而不淫了。

家常饭菜最好吃

俗话说："铁打的衙门，流水的官。"大小官员如流水般地调来调去，屁股还没坐热，怎能有所建树？因此，先贤范仲淹才会说："常调官难做。"接下来的话，就有意思了，叫作："家常饭好吃。"此家常饭何解？乃"日常在家所食，借以果腹者也。其肴馔，大率为鸡、鱼、肉、蔬"。这种寻常玩意儿，想要烧得好吃，满足家人肠胃，绝非等闲之事，会让主中馈者绞尽脑汁，伤透脑筋。

不过，早在几十年前，由于生活艰难，凡是洗衣烧饭，都得亲自打理。为了变些花样，在形势所逼下，每成烹饪高手，有其拿手绝活，而且百吃不厌。这种母性菜艺，最是让人垂涎，海外的游子们，更是终生难忘。

家常菜好吃的关键，首先是取材，其次是技艺。在取材上，必用当令且量多者，故"物美而价廉，众知而易识"。清人沈石田的《田家乐》一诗，颇能道其详，诗云："虽无海错美精肴，也有鱼虾供素口；虽无细果似榛松，也有荸荠共菱藕；虽无蘑菇与香菌，也有蔬菜与葱韭。……杜洗麸，燩葫芦，煸苋菜，糟落苏，蚬子清汤煮淡齑。葱花细切炙田鸡，难比羔羊珍馐味……”由于食材新鲜，只要简单烹调，即有无穷至味。而在制作上，即使家常小烹，也决不马虎，就是有剩菜，亦重新组合，赋予新滋味。如此的慧心巧手，难怪让人们津津乐道，念兹在兹。

而今标榜“阿嬷的味道”和“妈妈的味道”的店家，亦吸引甚多食客，虽无规模可言，却有自家风味，偶尔换个口味，平添生活乐趣。

食前方丈非养生

　　我是个早产儿，生下来还不到两千克。过了五十个年头后，而今身躯高大、体重近百。每向人说起出生时才一丁点儿的往事，当然无人相信，甚至认为是句玩笑话。不过，"事实胜于雄辩"，今昔差异如此之大，绝非一朝一夕之变，而是经年累月之功。从体弱多病的稚年过渡到身强体健的青少年（注：小学毕业时，身高已近一百七十公分，孔武而有力），所倚仗者，唯饮食而已。

　　说正格的，我的口福出奇的好，自幼过口的山珍海味、野味佳肴无数，也正因如此，体质整个丕变，才能由弱转强。老祖宗所谓的"医食同源"或"药膳同功"，似乎在我身上得到了若干印证。然而我有个不好的习性，就是好吃，不计多寡，只要对味，必贪多务得，细大不捐，活像个拼命三郎，难怪在奋不顾身下，体重一直居高不下，即使是不"恶"化，亦难于上青天。《吕氏春秋·本生》记载着："肥肉厚酒，务以自强，命之曰烂肠之食。"适足为若我之饕餮者戒。

基本上，我对《食医心鉴》上所说的"凡欲治病，且以食疗，不愈，然后用药"（引《千金方》）及《调疾饮食辩》所谓的"饮食得宜，足为药饵之助，失宜则反与药饵为仇"之观点，极为肯定，但总觉得消极了些。还是"药王"孙思邈的话深得我心，他在《千金食治》一书中指出："安身之本，必资于食；救疾之速，必凭于药。不知食宜者，不足以存生也；不明药忌者，不能以除病也。……是故食能排邪而安脏腑，悦神爽志，以资血气。若能用食平疴，释情遣疾者，可谓良工。长年饵老之奇法，极养生之术也。"诚积极养生之妙论，于此再三致意，善用食物者也。

　　中国最古老的中医文献为《黄帝内经》，成书约在战国时期，书中的《素问·藏气法时论篇》，将食物区分成谷、果、畜、菜四大类，此即现常引用的五谷、五果、五畜及五菜。此"五"乃泛称，不一定是具体五种。大致而言，五谷主要指黍、稷、稻、麦、菽（豆），五果即桃、李、杏、枣、栗，五畜乃牛、羊、犬、豕、鸡，五菜为葵、藿、葱、韭、薤。而这四大类食物在饮食生活中的作用和所占的比重，书中讲得具体明白，此即所谓的"五谷为养，五果为助，五畜为益，五菜为充"。养者，主食也；助、益、充者，皆副食也。如能"气味合而服之"，必可"补精益气"。

　　这里所谓的"气味合"，实为"五味合"，它指的是："心欲苦，肺欲辛，肝欲酸，脾欲甘，肾欲咸。此五味之所合五脏之气也。"只要五味不合或太过，对人体绝对有损，不可不慎。

　　将前两者结合，并发挥其奥者，当为姚可成补辑的《食物本草》，其卷二十二《摄生所要》云："麦养肝，黍养心，稷养脾，稻养肺，豆养肾，以五谷养五脏；李助肝，杏助心，枣助脾，桃助肺，栗助肾，以五果助五脏；鸡补肝，羊补心，牛补脾，犬补肺，猪补肾，以五畜益五脏；葵利肝，藿利心，薤利脾，葱利肺，韭利肾，以五菜充五脏。"阐述精辟，一目了然，运用之妙，在君一心。

既明白食物的功用及属性，《饮食须知》一书，其对食物的宜忌，就着墨甚多，有参考价值。另，古人讲究"不时不食"，故探讨"节令食宜"及"节令食忌"者颇多，散见于各岁时、医书和食书中，其中，有道理者，固然不少；穿凿附会者，亦所在多有。应细加辨别，取精始用宏。

话说回来，就我个人而言，饮食除养生外，该怎么选、怎么制作、怎么保存、产于何处、佳品如何、名菜典故等等，皆是饶富兴致的探讨范围。打从读高中时，便费心思搜罗，进而广为阅读，积数十年之功，总算略有小成。就中最令我拍案叫绝、捧读再三者，共有两本书，全是清人著作，其一为《随园食单》，其二为《随息居饮食谱》。

《随园食单》的作者为大才子兼美食家的袁枚，他在该书的序中指出："每食于某氏而饱，必使家厨往彼灶觚，执弟子之礼。四十年来，颇集众美。有学就者，有十分中得六、七者，有仅得二、三者，亦有竟失传者。余都问其方略，集而存之。虽不甚省记，亦载某家某味，以志景行。"因其好学至此，加上文笔优美，言简而意赅，每能发人深省。我得力于此书甚多，迄今仍觉受益匪浅，经常置诸桌右，以便随手翻检。这情形一如《笑傲江湖》中的任我行，既习得"吸星大法"，从此之后，每练一回，深陷一次，除非破解奥秘，再也难以自拔。

《随息居饮食谱》乃名医王士雄的傲世名著。王氏在医界，"蔚然成为一世宗匠"。此书博大精深，将"饮食为日用之常，味即日用之理"的精义，发挥殆尽。它以食功为经，食味为纬，纵横交错，颇耐人寻味。

其实我很感谢夏曾传先生，他老兄的《随园食单补证》，特色在先对《食单》逐条笺证，旁征博引，提高其学术性，同时将《随息居饮食谱》中的相关内容，植入《食单》之内，增加其知识性，务使"一举箸间，皆有学问之道在，养生之道亦在"。我开始对食材做全方位的研究及归纳，实肇因并奠基于此。

朱彝尊在《食宪鸿秘》中说得好，他指出："食不须多味。每食只宜一、二佳味，纵有他美，须俟腹内运化后再进，方得受益。若一饭而包罗数十味于腹中，恐五脏亦供役不及，而物性既杂，其间岂无矛盾？亦可畏也。"看来，以大胃王自许的我，为了身体的健康，该省口腹之欲了。诸君如为"我辈中人"，也建议您饮食有节，只要留得青山在，何愁没有美食享？难道不是吗？

食有所闻

近世台湾饮食观

就饮食的多样化及精彩度而言，整个台湾，不愧是个"宝岛"，纳百川而成大海。至于首善之区的台北市，尤为其中的佼佼者。在四九年之后，更是如此。

刚光复时，国家多事，民生凋敝，百废待兴，对小老百姓来说，能维持温饱，已心满意足。其后，经济慢慢好转，生活逐渐改善，各地的风味小吃与本地小吃蔚然并兴，旗帜分明，各不乏其爱好者及拥护者。

在此一时期中，外来的口味来自大江南北，乡情挂帅，连食物中都掺有浓浓且割舍不断的乡愁。以台北市为例，专卖各地"土吃"的馆子林立，其特色是空间都不甚大，各卖自己当地的小吃，与家乡的地道做法尚能保持某种程度的神似貌似。

像扬州人可以去"银翼"吃肴肉、干丝、风鸡；无锡人可以去"吃客"尝尝咸猪脚、醉虾；徐州人可以去"徐州啥锅"喝糁就着韭菜盒吃；南京人可以去"李嘉兴"买咸水鸭，或到"南京板鸭店"吃盐水鸭汤面;湖北人可以到"金殿"吃珍珠丸子、豆丝、豆皮、糯米烧卖和鱼杂豆腐等;天津人可以去"怀恩楼"吃贴饽饽熬小鱼,或跑到"天津卫"吃坛子肉、窝窝头与天津熬鱼等;山东人可以去"不一样",排队买大馒头,或去"会宾楼"吃炸酱拉面、烩乌鱼蛋、南煎丸子;北平人可以去"同庆楼"吃熏肠、酱肉烧饼或炸小丸子,或去"朝天锅"吃耳丝、焖饼及香菜牛肉丝,有时手头阔绰些,"致美楼"及"真北平"的烤鸭亦有独到之处,充满地域色彩;上海人可以去"绿杨村"或"小白屋"吃粗汤面及小笼包;苏州人可以去"鹤园"吃酱鸭、酱肉;湖南人可以去"小而大"吃米粉或到"天然台"吃连锅羊肉、左宗棠鸡、东安鸡;山西人可以到"晋记山西餐厅"吃刀削面、拨鱼、猫耳朵;福州人可以去"胜利"吃海鲜米粉、肉燕、鱼丸、红糟鳗;东北人吃得到酸菜白肉锅、血肠;云南人吃得到过桥米线、大薄片;广东人去茶楼叫几样点心饮茶,更是家常便饭。信手拈来,屈指难数。

台式小吃则以台南府城为重镇,妙点纷陈,不胜枚举。像"再发号"的肉粽,"度小月"的担仔面,"赤嵌小吃店"的棺材板,"老牌"的鳝鱼意面,"富盛"的碗粿,广安宫前的虱目鱼粥,石精臼内的肉燥米糕及卤蛋等,皆能脍炙人口。此外,基隆的庙口亦不遑多让,颇多精彩小吃。

至于客式小吃,则多集中于桃、竹、苗及高、屏等客家人集中的地区,闯出名号的有万峦猪脚、美浓猪脚、陈仙化的肉圆、"日胜饭店"的板条等。

随着大环境的改善，人们更有能力满足五脏庙了，工商发达，酬酢剧增，助长其势，以至大餐厅、大饭店继起，吃已经不是去这些地方消费的重点了，摆谱及装点门面才是时兴玩意儿。不过，大师傅此时仍健在，调教出来的好徒弟因缘际会，适时大展身手，比方说，江浙菜的唐永昌，湘菜的彭长贵，川菜的魏正轩、张伯良、邓九良等，皆为各菜肴的龙头，栽培出的桃李亦多，不仅遍布宝岛，很多更赴海外发展，这荣景维持了近三十年之久。

其中，又以新颖、大型的川菜馆子最引人注目，每天冠盖云集，车马辐辏，夜夜笙歌，杯觥交错；喜宴寿酒，更是应接不暇，让人眼花缭乱。由于竞争激烈，为了拉拢客源，无不使出浑身解数。"粉味"盛行，即是其一，但见公关女经理、主任等，周旋客人之中，划拳喝酒，打情骂俏，不一而足。然而，愈是靠服务、装潢及"粉味"取胜的，菜肴的质必定下降，花色虽多，但不中吃，其被取代，理所当然。

与川菜鼎足而三的，分别是有"官菜"之称的江浙菜及被目为"军菜"的湘菜。由于早期的要员中，隶籍江苏、浙江两省的人士特多，造就江浙菜在台湾的一枝独秀，进而独领风骚，大小餐馆云集，专恃菜肴引人。曾几何时，台湾的环境及人事变化均大，官场的消费能力不再具关键地位，加上经济快速发展，出现大批本地的工商新贵，在形势丕变下，江浙菜沦为次要角色，仅靠小馆子及公馆菜（注：曾在大户人家司厨的妇女所开的家庭式餐厅）撑腰，延续丁点香火，保留一些菜色，难再攀越顶峰。

湘菜由"谭厨"蜕变而来，其能在台湾占一席之地，不得不归功于陈诚（注：他为谭延闿女婿）及陈系人马。在"无湘不成军"的口号下，军人而食湘菜，自然视为当然。由于谭厨本身即融浙、粤菜于一炉，独立性自始就不明显，难怪军方不再偏好后，立刻失其傍依，接着又迎合工商人士，改走高档海鲜图存，路子愈走愈窄，只好"反攻大陆"，对着彼岸攻坚，抢下据点再说。不过，川菜与湘菜虽已式微，却成为家常菜的主力，甚至结合成"川湘菜"，盛行于小馆间，如麻婆豆腐、左宗棠鸡、宫保鸡丁、炒羊肚丝、蒜泥白肉、豆瓣鲤鱼、干煸四季豆等，均是大家耳熟能详的菜式了。

比较起来，北方菜一直未在台湾居于主流地位，固然一因抬不起高价，二因菜肴变化少，对经营的业者而言，欠缺吸引力，而其最大的冲击是老师傅凋零后，年轻人视白案、红案为苦差事，往往不愿"屈就"，以致除了一些面点、卤菜、凉拌、热炒及烤鸭外，已撑不起场面了。

闽菜是台菜的源头，但价廉费工，完全不符经济效益，当然难以为继。而现在的台菜又与传统的台菜有别，大量融入新花样，已有自己的面目，但不保证更好吃。

光复初期，最先引进"外省菜"抵台的，乃是陈天来（注：军界闻人陈守山的叔公）在台北圆环开的"蓬莱阁酒家"，礼聘曾任孙中山大元帅府的厨师杜子钊掌厨，供应闽、粤、川三省筵席。此后，各省名厨聚宝岛，混省菜不再吃香，追随杜师傅的年轻一代厨师因不地道，只能混迹酒家，烧出一种有异传统的新式"酒家菜"，五六十年代，在新北投"观光"风潮的带动下，酒家菜从延平北路转进新北投，延续"台菜"生命。后来的一些台菜餐厅如欣叶等，其班底皆渊源于此。

80年代中期，港式粤菜登台，它们挟着"海上鲜"的魅力，用高档价位的燕窝、鱼翅、龙虾及融入西法的烹调手法攻占市场。此时正值股市、房市飙涨，消费能力大大提升，且以追逐高价为能事，在相关饮食媒体的推波助澜下，高价变成味美的同义词，品位下降，价格攀升，真是个怪现状；而一群不懂吃却又舍得花钱的人，更在俱乐部或美食会的牵引下，纷纷组团猛吃，食林的畸形繁荣实奠基于此。

另在西餐方面，更是百花齐放，五彩缤纷。抗战前，位于台北市民生西路、延平北路口的"波丽露西餐厅"因创业最早，甚为有名。自四九年后，大批内地人来台，其中包括不少原先便在上海、北京从事"番菜"的西餐业者和厨师。此辈人士为了谋生，竞相在台北重起炉灶，一时之间，上海式西餐压过日本式西餐，俨然成为台湾西餐的主流派，著名吃西餐的场所中，以自由之家、中国之友社、美而廉、大华、中心、羽球馆等最具吸引力。

60年代起，在局势稳定及越战美军来台度假等多方面利多的激荡下，刺激台湾西餐厅的空前荣景，除了前面那几家仍维持超高人气外，七七、香港、金门、蓝天等亦加入战局，极受欢迎。有趣的是，大多数西餐厅叫座的餐全是A餐或B餐，A餐通常比B餐多一道菜，其余则大同小异。莫看只是个B餐，价格还挺令人心疼哩！

70年代之后，西餐脱离常轨，开始与娱乐业结合，表演成为主题，餐饮沦为配角，但因节目精彩，仍是贵胄最爱。只是手艺愈来愈差，让消费者望而却步。不过，90年代以来，号称"正统"的欧洲菜开始席卷都会，以意大利、法国菜和德国菜最受欢迎，比萨、意大利面、焗田螺、鹅肝酱、德国猪脚等食品，姑不论是否地道，样样受人欢迎。与此同时，由台湾本地自创的"台塑牛小排"亦风靡一时，非常叫座。

西洋菜固然轰动，东洋菜及南洋菜亦有其市场。只是都很"汉"化，罕袭"正宗"途径。汉和料理中，"丽都"是有名的老店，至今依然不坠，有其一定市场；南洋菜以泰国菜知名度最高，越南菜、缅甸菜及印度尼西亚菜亦有固定的顾客群。总之，外来菜的流行实拜观光之赐，让台湾居民多了一个认识大千世界的窗口。

饮食大势与天下大势一样，分者必合，合者必分。过去在大陆时，各帮菜系壁垒分明，有其独门绝活。后来因势利导，竟在宝岛共存，各有发展空间。然而，或因原料取得不易，或因不符经济效益，或因业者求新求变，或因司厨兼容并蓄，在不断的交流中，地域的色彩日泯，口味遂异中求同，渐有大一统之势。因显不出菜肴的特质，业者只有在场面上动脑筋，常一季或几个月就转换一次菜式，迎合顾客的口味。其实，客人吃的是钞票，并没有什么口味。至于变，套句历史学者兼美食家逯耀东的话："只是在形式上耍花招，华而不实，中看不中吃，聊无章法可言。"是以人们还是喜欢街坊小馆，因它们"不媚、不娇、不艳，朴实无华，菜式不多，风韵自成"，纯以手艺取胜，吸引识味之士。

这场大变局似乎臻于混而为一，搞不清在吃啥！事实上，危机即是转机，在宝岛这个美食大熔炉里，不管是业者还是消费者，大家眼界已开，各种烹调方式，更是取之不尽，用之不竭，形成许多重要的养分，将培育出许多的烹饪高手，在集中华菜之大成后，再合创出璀璨光明的新台菜，自成体系，自树一格，造就真正的美食天堂，不仅与世界上各种名菜并驾齐驱，更可互争短长，独霸全球。

南北食性渐混同

中国人谈各地食性时，最常讲的一句话，就是"南甜北咸、东辣西酸"，早在数百年前，这话或许不假，可是到了清朝，已不作如是观。例如徐珂《清稗类钞·各处食性之不同》条下即云："食品之有专嗜者，食性不同，由于习尚也。兹举其尤，则北人嗜葱蒜，滇、黔、湘、蜀人嗜辛辣品，粤人嗜淡食，苏人嗜糖。即以浙江言之，宁波嗜腥味，皆海鲜，绍兴嗜有恶臭之物……"浙江一省而兼具腥、臭二味，可见专嗜之深。

其实，当下的浙江省宁波市，其味除原始的腥味外，尚有咸、臭二味，三者各极其盛，除非亲历其境，很难想象其烈。而今上海市的宁波菜馆，以"金裕元"最地道，笃守家乡本色，经数十年而不变。为了警示顾客，其大门口张贴一斗大"咸"字，告以无胆勿试。但其"恶名"最昭著的，反而是"臭"气四溢，并因此三易其址。其臭到底如何？我认为已超越本尊绍兴，堪居举世之冠冕。

绍兴的臭菜中，我领教过臭豆腐干、臭面筋、臭千张和臭苋菜秆等数种，虽皆臭不可闻，亦是佐饭妙品。然而，这些比起宁波的臭冬瓜来，只能算是小巫，差远啦！

"金裕元"的臭冬瓜，臭得猛，臭得凶，臭得刮刮叫。它置于饭桌上，发出阵阵恶臭，势如排山倒海，令人难以消受，怪就怪在这儿，夹一小块就饭吃，居然鲜甜可口，可谓化腐朽为神奇。

北京的"王致和臭豆腐"，其实是指臭豆腐乳，名作家汪曾祺认为以此"就贴饼子，熬一锅虾米皮白菜汤，好饭！"我曾用中和"坤昌行"的臭豆腐乳试为之，味果不凡，看来大江南北就臭而言，渐已混同。

从"石家"到"彩蝶宴"

这半个多世纪来，江浙菜一直在台湾的饮食界占有一席之地，早年因要员以江、浙人居多，故江浙菜一名"官菜"，与号称"军菜"的川、湘菜分庭抗礼，互别苗头。而今川、湘菜日益式微，沦为家常菜的代言人，但江浙菜的声势始终不衰，且后势看俏，这或许可由开了一个半世纪以上的"石家饭店"与开张不满一年的"彩蝶宴"中，瞧出一些端倪，寻出其中脉络。

家父生于江苏靖江，该地位于长江边，先后就读苏州中学及无锡教育学院，然后在丹阳、扬州和高邮等地服务过，由于家境富裕，是以名扬大江南北的淮扬菜和苏锡菜，倒是经常过口。家母虽是台湾嘉义人，却因缘际会，能烧经典地道的江浙佳肴。我在此一背景下，自然对江浙菜钻研最深，能道其详。近日屡在"彩蝶宴"享用珍馔，与江浙菜渊源甚深的沈总经理把盏言欢，从他和何姓大厨这儿，居然江浙菜在台湾的发展及传承宛然可见，他们娓娓道来，足为食林生色，增添璀璨篇章。

沈总名文熙，台湾新竹人氏，与永和"上海小馆"的冯老板师出同门，均在上海本帮菜的老店"隆记"学厨。艺满出师时，先在宁波菜馆"天福楼"司厨，接着在"复兴园"掌勺。转往"叙香园"后，则由内而外，变成人见人爱、八面玲珑的跑堂，搞得外场火红，车水马龙。后来则在重起炉灶的"石家饭店"外堂担纲，客源络绎不绝。自"石家饭店"与"上海乡村"合流，另组"上海乡园"，他便更上层楼，跃居首席经理人，待"乡园"歇业，落脚"彩蝶宴"，总领内外场。所供应菜色，融合本、外帮，从传统中铸新意，走出江浙菜的局限，可谓宜古宜今，显得落落大方。

就沈氏个人的阅历而言，"石家饭店"实居关键地位，亦是台湾江浙菜重要一支，影响不可不谓深远。而这"石家饭店"原本坐落苏州木渎，起先是个不起眼的小店，只因名人品题，竟然声闻遐迩，响彻海峡两岸，不但是个奇缘，而且是个异数。我则机缘凑巧，与沈氏的机遇若合符节，也因而见证了这页饮食史上的传奇。

创于清光绪年间、原名"叙顺楼"的"石家饭店"，一直做些乡土里味，刀火得法，滋味不俗。默默无闻数十年后，竟在1929年秋天起了绝大波澜。一日，于右任应李根源先生（注：中共十大元帅之首朱德的座师，曾担任北洋政府的农工总长，一度兼署国务总理，退休致仕后，息隐苏州，寄情湖光山色间）之邀，泛舟太湖，赏桂归来，系舟木渎，就食"叙顺"。右老喝了店家的鱼汤后，但觉口齿溢香，微醺而问甚名，堂倌用吴语应以"斑肝汤"，籍隶陕西的右老，则听成秦腔的"鲃"，且将肝误以为肺，即兴赋诗二首，其一为："老桂花开天下（注：一作十里）香，看花走遍太湖旁。归舟木渎犹堪记，多谢石家鲃肺汤。"其二为："夜光杯酯郁金香，冠盖如云锦石庄。我爱故乡风味好，调羹犹忆鲃鱼汤。"第一首因鱼名及内脏两误，自然造成话题，引发一番笔战，骚动文坛食林。于是这款研发自青楼的"庄户菜"大享盛名，四方涌至的饕客雅士，无不指名一啖为快，但受季节所限，大多数人怏怏而返。

当时"叙顺楼"老板兼主厨名石安仁，外号"石和尚"，不仅得到右老题诗，同时获得东道主李根源"鲃肺汤馆"的题字并写了"石家饭店"这个新招牌。

来台后不到十年，石家的亲人即在中华商场"复"业，开了全台第一家"石家饭店"，店面不大，与"隆记"、"赵大有"相当，很不起眼。据说右老为了重温旧梦，特地跑去捧场，顺便品其优劣。等到中华商场拆除，许多饭庄小馆，无不星散四方，"石家饭店"亦然，址设西宁南路的"万年大楼"上，手艺相当不错，吸引不少饕客。已故的饮食大师唐鲁孙亦曾在此流连。然而，天下无不散的筵席，即使显赫喧腾一时的"石家饭店"，亦有曲终人散之时。店内名庖有赴美者；有转聘至其他餐厅者，如张德胜献艺于"上海极品轩"；亦有在敦化南路新设的"石家饭店"发展者。此一石家亦经营得有声有色，怎奈时移势异，终究烟消云散。最后原班人马与"上海乡村餐厅"结合，在石家敦南旧址，成立"上海乡园"餐厅，也曾缔造荣景。我个人食缘甚佳，以上所举的餐馆，非但全部吃过，而且一再光顾。其中，最常造访者为"极品轩"，迄今尝了不下五十回，对其拿手菜色，堪称了如指掌，口福着实匪浅。

当年苏州的"石家饭店"，不论是鲃肺汤与鲃肺羹，鲜美绝伦，均极出色。羹香郁，汤清鲜，各有其美。汤尤知名，费孝通食罢，誉之为"肺腑之味"，并书横幅，置饭店内。只是斑鱼上市的时间甚短，在中秋前后。想一膏馋吻，须及时受用。散文名家余秋雨的老师唐振常，是个懂吃食家，曾与老饕师陀共赴"石家"，结果是隆冬时节，店内无此汤供应，既食之不得，逾四十寒暑，仍未得尝其味，乃他此生一憾。另一美食大家逯耀东最后一次去"石家"时，亦因"鲃鱼勿当令"，"听了颇怅然"。看来想吃到鲃肺汤，绝非等闲之事。

我亦无缘尝此一奇味，倒是品过十数次以青鱼肝制作成的炒秃肺。这道本帮佳肴，本为上海"老上兴"的镇店名菜，每届秋冬时节，慕其名品享者，多如过江之鲫。记得在台湾所尝过，以"极品轩"的老板陈力荣及"永福楼"的主厨罗正兴烧出的滋味最佳，质地细腻、滑嫩馨香，颇有可观之处，但最令我萦怀的，则是香港早年位于湾仔"老正兴菜馆"制作之炒秃肺，其色淡褐，肥而不腻，加上嫩如猪脑，整块不碎，其腴鲜异常的卖相、入口即化的口感，搭配着青蒜丝同食，简直是人间美味，好到无以复加，思之即惹馋涎。

巧的是，当下"彩蝶宴"主厨何忠芳的绰号一如石安仁，亦是"和尚"，且他与"上海小馆"的老板冯兆霖一样，皆师承自上海来台第一代的老师傅，待学成出师，先后在"大吉"、

"天吉"、"富贵楼"等地主理，然后与冯走同个路子，翩然赴美，声扬彼岸。本身擅烧、炖、焗等菜色，对于菜肴的刀功、配料、火候、次序和装盘等，无一不精到，且能别出心裁，朴华交错，称得上是个中高手。

目前"石家饭店"所谓的十大名菜，除鲃肺汤外，尚有三虾豆腐、白汤鲫鱼、酱方、油泼童鸡、冰糖甲鱼、松鼠鳜鱼、锅巴虾仁、红烧塘鳢和生爆鳝片。咱家在"彩蝶宴"亦品尝过好些"和（何）尚"亲炙的美味，或异曲而同工，或名近而实远，由于精心制作，自然精彩绝伦，搭配的酒又棒，通体舒泰而外，兼且心旷神怡，让人如沐春风。

炒秃肺和汤卷，均以青鱼的肝、肠及肚烧制，味浓醇沉郁，精华内蕴，汤汁鲜醇，堪与鲃肺汤和鲃肺羹争奇斗艳。生爆鳝片佐以青、红椒，干香中透甘，脆爽有 Q 劲。又，锅巴虾仁一直是苏菜经典，或因其声而呼为"平地一声雷"；或因其色而命名"桃花泛"；或因对日抗战而戏称"轰炸东京"；有人更干脆，就叫它"天下第一菜"，乃一道能充分体现中国菜之色、香、味、形、触五绝的风味菜。本菜在制作时，通常先将锅巴炸酥装盘，再将虾仁、香菇、洋葱、青豆、火腿等以鸡高汤勾卤煮透，然后浇覆其上，使其吱吱有声、香雾迷蒙。店家则反其道而行，将锅巴倒扣于卤汁上，一吸足汁液，即装碗快食，其五颜六色、酥香脆糯及声情并茂，令人于拍案叫绝外，更添思古之幽情。

其白切嫩仔鸡、油淋笋壳鱼及萝卜丝鲫鱼汤，应不逊于"石家饭店"的油泼童鸡、红烧塘鳢和白汤鲫鱼，或恐真味清雅，反而引人入胜。松鼠鳜鱼号称"苏菜之冠"，系由春秋时的古菜"金鱼炙"发展而成的。台湾因无鳜鱼，多以黄鱼入替，向为席上之珍，过去可是一道有名的高档菜。此菜在制作时，取斤把重的黄鱼一尾，抽去其脊骨，把鱼扭成麻花形，形状酷似松鼠，再裹上鸡蛋面糊，下油锅炸，上桌浇汁时，须吱吱作响如松鼠叫声，才是地道上品。沈总虽未临桌浇汁，但其卤汁甜酸适中，而且浓淡适度，进而完全入味，绝非凡品可比。妙的是鱼身色泽金黄、鱼肉外酥里松，滋味甜中带酸，已得此菜精髓。难怪乾隆初尝此菜，惊为人间美味，一直下箸不休。

末了，"彩蝶宴"的冰糖甲鱼，倒是与"石家饭店"所烹制的，名实相副。此菜甲鱼必不可小，至少得斤把重，且采用浓油赤酱的本帮手法。其绝嫩腴滑的肉质、胶结脂凝的裙边、醰酽略甘的酱汁，确为顶级珍味及清补圣品。我品享其味，一再咀嚼，蓦然发觉木渎的"石家饭店"和台北的"彩蝶宴"竟能如此契合，于是万端思绪，一时都上心头，久久不能自已。

欣试石家酱汁肉

已故食家逯耀东旧地重游，来到苏州木渎，在"石家饭店"用餐，点享其酱汁肉，吃得极满意，自言："好看又好吃，确是妙品，下箸不停，吃了不少，临行太太的叮咛早已置于脑后了。"每读至此，馋涎欲滴。既至木渎石家，当然比照办理。佳肴罗列于桌上，其中最显眼的，是那方颤动晶亮的酱汁肉，一望即食指大动矣。

明清时期的官府，在招待宾客时，常用酱方（即酱汁肉）充席上之珍，称"一品肉"或"酱一品"，其传统制法，见于《调鼎集》，名"红煨肉"，强调"紧火粥，慢火肉"，也就是所谓的"火候足时他自美"。

红煨肉的制法，非但不拘一格，而且因人而异，是以"或用甜酱可，酱油亦可，或竟不用酱油、甜酱"，如果只是用盐，则肉一斤用三钱。同时用酒煨肉，须熬干其水汽。且不管以甜酱、酱油或盐烧制，皆须红如琥珀，不可加糖炒色。还须注意的是，早起锅必色黄，时机刚好则红，迟起锅则"红色变紫色，而精肉转硬"，真的是过犹不及。另，绝不可多掀盖，否则会走油，"而味都在油中矣"。至于怎样才算合格，其妙处在"割肉须方，以烂到不见锋棱，入口而化"。石家的酱方，显然已得其个中三昧。

其实，酱方即目前台湾江浙馆仍盛行的"烤方"。它原名"烤四方"，常搭配刈（割）包而食，以软糯香滑、肥而不腻、咸中带甘、入口即化著称。"上海极品轩餐厅"的烤方，除用刈包夹食外，亦同菜饭共享，饭馨香而肉泛光，比起石家酱方，非但不逊，似乎犹有过之。

从山寨版看古菜

近年来"山寨"之名盛行，各种仿造、变造及冒名真品的产品，全部称为"山寨版"。它的范围颇广，几乎无所不包，凡名牌服饰、电器用品、手机、珠宝等，皆可见其踪迹。而当下所制造出来的，更是五花八门，其中有的巧思，甚至超越"本尊"，着实使人惊艳。如果"食"话实说，山寨版的菜色，中国古已有之，而且大大方方，直接说它是"假"，可谓名副其实。

早在宋代时，的确出现不少名为"假"的菜，林林总总，蔚为大观。而在这些"假"菜中，比较有名的，像孟元老在《东京梦华录》所记载的"假元鱼"、"假河豚"、"假蛤蜊"、"假野狐"等，均是；另，吴自牧的《梦粱录》亦载有"假炙鲎"、"假炙江瑶肚尖"、"油炸假河豚"、"假团圆燥子"、"假炒肺"等菜色；此外，陈元靓所撰的《事林广记》内，也有"假大鹏卵"、"假羊眼羹"、"假蛤蜊法"、"假熊掌法"及"假白腰子"等做法。而更夸张的，则是周密于《武林旧事》一书里写道：清河郡王张浚进献宋高宗的御筵中，也明明白白地记下"鳔鱼假蛤蜊"、

"假公权炸肚"、"姜醋假公权"、"猪肚假江瑶"等佳肴，其公开且不避讳的程度，简直让人匪夷所思。

按理来说，酒店和餐馆公然造假的行径，应该法所难容。然而，它们非但不加以隐藏，反而以此大事宣传，并且广为招徕，再借由权贵之家，堂而皇之地进入"御筵"之中，真个是食林异数。放眼中外，绝无仅有。不过，如果我们换个角度思考，或许可以将此一离奇的现象，解释得通。

经我个人稍做分析后，发现宋代的"假菜"，大致上，是按以下三种情况进行：其一为用普通的食材，冒充名贵的食材；其次是用无毒的食材，假冒有毒的食材；其三则是以素的食材，顶替荤的食材。而它之所以盛行于世，可能得从餐馆的规模、货源的情况及顾客的心理等层面来探讨。在这些条件及时空背景下，执事者综合交错考虑，自然会衍生出特定的经营招数或模式。比方说，河豚之味极鲜、肉亦脆美、但有剧毒，一般人不敢染指。加上首都所在地汴京，不易获致新鲜河豚，即使有本领的，可以获此"奇珍"，一般的餐馆也未必会烹调，更甭指望吃了安心。于是店家顺应情势，出售"油炸假河豚"，既满足了顾客的好奇心理，也省得招惹不必要的麻烦。如此一来，岂不两全其美？

由于事先已声明所提供的是"假菜"，自然无可厚非。较令我好奇的，反而是其制作水平。各位看官只要一读《事林广记》所记载的"假羊眼羹"和"假大鹏卵"，从这两道古菜，或可观其一二。

假羊眼羹：羊白肠一条，洗净。用大螺熟煮，挑出，取螺头。以绿豆粉、水调稀拌和螺头，灌羊白肠内。紧系两头，熟煮。取出，放冷。薄切，作羹。俨然羊眼无辨也。

假大鹏卵：猪胞（即膀胱，一称小肚）、羊胞各一个，研（磨细）令洁，度其大小，打鸡、鸭子（蛋），清（白）、黄分两处。先将清灌猪胞内，次却入羊胞于猪胞内，却灌黄于羊胞，令当中心，系紧、熟煮。取出，放冷……"食时切片，"如鸡子，黄白分明。浇椒、盐、醋吃。"

观乎前者，"羊眼羹"是唐宋时的名菜，据说食毕可明目或治眼疾，效果显著。只是羊眼甚难罗致，各饭馆、酒店无法及时供应。于是绞尽脑汁，创制此一构思巧妙的"假羊眼羹"，居然把圆圆的螺片嵌在羊白肠内，薄切以后，一圈白眼框中一团黑，其状竟"俨然羊眼"，使人真伪莫辨，这种以假乱真的手法，可谓巧夺天工，进而出神入化了。

后者则别出心裁，将人们从未见过的"大鹏卵"，换个花样呈现，不仅制作上有借鉴处，而且设想奇妙，难怪值得大书特书。

此外，素食在中国肴点史上，始终占有一席之地，而素菜用荤食的手法呈现，曾居主流地位。其中，上海"功德林蔬食处"的素席，一向众口交誉，且以此名的素食馆，亦在台北、香港两地走红。我年方十岁时，适逢祖父百岁冥诞，依家乡的礼俗，过完百岁诞辰，正式成为祖先，三节及中元节，改在家中祭祀。忆及当时在台北的"善导寺"举办法会，礼成便在附近的"功德林"用晚膳，席开三桌，珍错杂陈，全部荤菜素做。由于是初体验，印象极为深刻，至今已历四十余寒暑，其中种种，一直未忘。

而在上海"功德林蔬食处"主持厨政达三十年之久的姚志行，堪称荤菜素做此一手法在近、现代的个中翘楚。

姚志行为浙江省慈溪市人。十五岁进上海"慈林素菜馆"当学徒，半年后，转往"功德林蔬食处"拜唐庸庆为师，习得惊人艺业。他娴于制作以豆腐、粉皮、面筋、烤麸、素鸡为食材的菜肴，且能兼容并蓄，巧妙地将各地风味菜肴的特色运用到素菜之中，扩展素菜领域，道道几可乱真，博得"素菜第一把手"的美称。他所创制的"素炒蟹粉"，竟用土豆、红萝卜、香菇条分别替代蟹肉、蟹黄、蟹爪，再拌以姜末制成，姑不说其形态逼真，其吃口细腻而鲜，更显出他卓荦不凡的本事。而且他用绿豆粉制成的鱼丸，雪白鲜嫩，滋味极佳，直追真品。再如走油肉、炒素鳝糊、糖醋排骨、醋黄鱼等，亦无一不佳妙。除此之外，他还以西法入素馔，像奶油芦笋、吉利板鱼等，滋鲜味美，惟妙惟肖，招致各方好评，难怪风行一时，现已成为典范。

时至今日，最常见的"假菜"，反而是以劣等食材假冒真品，借以牟取暴利，或者素料荤名，掺杂大量色素，甚至用合成品，不知是何居心？前者如假鲍鱼、假鱼翅、假海参等纷纷出笼，欺骗消费者，大赚黑心钱，应绳之以法；关于后者，一桌素席中，但见红焖肉、糖醋鱼、糖醋排骨、鱼丸汤、醋熘鱼片等充斥其间，味道颇不协调，甚至全不搭调，如此鱼目混珠，即使形态逼真，茹素者无不攒眉，避之唯恐不及。此种假法，让人大叹不知今夕何夕。

总而言之，由菜观察，人心不"古"，"假"冒横行，全无章法，应是定评。

孔府新馔现食林

　　滋味不凡、风格突出的孔府菜，因其有制作精细、注重营养、豪华奢侈、讲究礼仪等特点，故长久以来，始终是清朝官府菜的首席代表，叱咤食林，莫与争锋。然而，曾一度鹰扬食坛的它，自向下沉沦后，纵力图复古，唯抱残守缺，仍不脱油腻厚味，已难为当代人们所认同，于是有志者继往开来，标新立异，制作出一些师其意而不泥古的"新孔府菜"。其中，又以"天坛"所烧制者最精，别开生面，滋味绝佳，而且清爽健康，甚能符合当下饮食重视食疗养生及创意立新的诉求。

　　话说号称"天下第一家"的孔府，位于山东省曲阜市，所居住者，为中国至圣先师孔子的后裔，传承迄今已七十九代，历经两千五百多年。自汉高祖刘邦亲祀孔子、汉武帝独尊儒术后，儒家取得学术上的正统地位，至宋代封其后裔嫡系为"衍圣公"，明代世袭"当朝一品"官衔，遂一直沿袭不替。于是孔府又称"衍圣公府"，其府里的菜，历经千百年的发展及演变，成为典型的官府菜，特称其为"孔府菜"。由于其自古即声誉远播，故而今游曲阜时，乘马车逛孔林及品尝孔府菜，仍是最为游客所津津乐道的盛事。

可惜的是，目前推出的孔府菜已非原貌。主因不外第七十七代衍圣公孔德成于 1947 年离开孔府、寓居台北后，厨房停炊，厨师星散。直到 20 世纪 70 年代后期，齐鲁的烹饪研究者开始挖掘此一文化遗产，并找来原孔府的老厨师葛守田等一同"复古"，十年之后，先后在山东济南及北京开办"孔膳堂饭"，正式对外经营孔府菜。由此观之，当今火红的孔府菜，即令努力求全周备，依旧原地打转，无法与时俱进，尚存一些开发和成长空间，留待有心人士发扬光大。

一般而言，以往孔府的家常菜，全由内厨负责烹制；其余各种宴请活动，则由外厨负责打理。主其事者都是专业厨师，技艺高超，有的还是世袭，父死子继。至于烹饪食材，无论蔬菜或肉、禽、鱼、蛋等，均以鲜品为之，且都由专门役户提供，故可选料精而广，技法多而巧，更以富营养、重时鲜、风味永、搭配调剂得宜、讲究排场礼仪、奇馔佳肴充斥而著誉食林。得食之人，每引以为莫大口福。

孔府内的筵席，乃孔府菜的极致，丰富多彩，选料广泛，技法全面。其日常筵席有家宴、喜宴、寿宴、便宴、如意席之分；款待大小不同的满汉官员，则有满汉席、全羊席、燕菜席、鱼翅席、海参席及九大件席、四大件席、三大件席、二大件席、十大碗、四盘六碗之别。而且这些筵席全按四四制排定，此由燕菜席的规格：四干果、四鲜果、四占果、四蜜果、四饯果、四大拼盘、四大件、八行件、四点心、四博古压桌、饭后四炒菜、四小菜、四面食，即可见其一斑了。又，孔府筵席中最豪华者，乃接待帝后的"满汉席"。曲阜孔府至今仍保有一套清代制作的银质满汉席餐具，计有四百零四件，可上一百九十六道菜。华贵堂皇，当世无双。

而在孔府的高档筵席中，为衬托主人当朝一品的身份地位，常以一品命名菜肴，如：燕菜一品锅、一品海参、一品豆腐等。此外，尚有寓意深刻的名贵菜肴，如：一卵孵双凤、八仙过海闹罗汉、玉带虾仁、烧秦皇鱼骨、神仙鸭子、御笔猴头、带子上朝、怀抱鲤等，道道有典故，个个有名堂，大大丰富了中国饮食文化的内涵。

"天坛"凤以超时空烹饪法自许，窑（即敦，以陶土制作，造型古朴典雅）烤之棒，笑傲食林。此次因机缘凑巧，径向孔府菜叩关。以一卵孵双凤为主轴，搭配偷龙转凤的烧秦皇鱼骨、精致的冰糖肘子及雀舌肉丁、烤牌子、四喜丸子、碧桃鸡丁、莲子绿豆汤等，组成新颖别致的另类孔府菜，妙味纷呈，堪称别开生面的力作。

一卵孵双凤这道菜，发生于清中叶第七十五代衍圣公孔祥珂之时。他老人家精于饮馔，特爱吃鸡，每天无鸡不欢。当时孔府的首席厨师为张兆增，烧得一手好菜，由于事厨多年，早已摸清主人的脾性，煎煮烤炸，无不合度。一个夏日午后，孔老燠热难当，于是吩咐厨房，鸡要烧得软烂，还要带点清气。既然主人撂下话来，大厨只有全力以赴，想个好菜渡过难关。

当他出外"办事"，望见卖瓜小贩，堆着西瓜叫卖，突然灵机一动，买回两只西瓜。先将一个去蒂切盖挖瓤，塞入两只雏鸡，再把瓜盖覆上，蒸至熟透后，掀盖品其味，清香带腴嫩，味道挺不错。但他不以此自满，炮制另一个瓜时，里面加了干贝、鲍鱼、开洋等海味，将味道提升至更深奥的层次。孔祥珂食罢，顿感甘爽无比，不觉大乐，便询此菜何名。张不假思索，回说："西瓜鸡。"孔祥珂听后，很不以为然，乃乘兴赋名，并仔细揣摩，在西瓜内塞二鸡，好似凤居卵巢中，不啻一卵孵双凤，就以此命名。这菜从此成为孔府夏日佳肴，当慈禧太后六十大寿，孔府进两席寿宴给老佛爷品尝时，此菜即为其一。

"天坛"制作这道超级大菜时，为符合现代饮食趋势，选中型西瓜（注：曾用过小玉、金兰等品种，一共试了九次才成功），内塞一只斤把重的放山鸡及三个干贝、六片火腿、一只乌参。置于敦内，以炭火（注：只能用文火）烤六个小时。端上桌后，但见翠玉西瓜绿红分明，色呈明黄的鸡只放在正中，色泽调和，赏心悦目。先饮其汤，甘鲜馥郁，浓胜鸡精，绝不腥腻；次尝鸡肉，体完形美，腴嫩细润，入口即化。烹制着实精彩，让人一新耳目。

由于秦始皇焚书坑儒，孔府之人莫不恨之入骨，烧秦皇鱼骨这道菜，便是此一情结下的产物。相传此菜成于明孝宗弘治年间，当时孔府在重修孔庙，另于"诗礼堂"后辟建"鲁壁"。鲁壁告成之日，孔府大宴宾客，有一厨师用鳜鱼和鲟鱼骨合烧了一道菜，献给衍圣公享用，并谓此菜之名为"烧秦皇鱼骨"。

衍圣公大乐，即厚予赏赐，此菜遂流传下来，成为孔府名菜之一。

制作此菜，先炸再蒸，沃以浇汁，以色红亮、肉质嫩、鱼骨柔中带脆著称。我个人觉得烧秦始皇之骨固然痛快，总不如烧他的头来得过瘾。因而店家不用台湾得之不易的鳜鱼，改以饱含胶质的鲑鱼头来烧烤，颇能得其"真趣"，一再玩味其中，可谓深得我心。"天坛"的窑烤半首鲑确为罕见妙品，用敦以小炭火烧烤三四小时后，再剖上棋盘块供食。嚼在嘴里，始而脆，继而糯，终而化，而且全头可食，大有把秦始皇"粉身碎骨"的快感。我想衍圣公们若有幸尝此一超时空美味，其咬牙切齿、深得我心，且痛快淋漓之情，铁定凌驾烧秦皇鱼骨之上。

雀舌肉丁的灵感来自茶烧肉。以茶入馔，孔府行之久远，其菜品尚有茶烧鸡、茶干炒芹芽等。按：雀舌与麦颗，乃至嫩芽茶之别名，"其细如针，唯芽长为上品"，因其清美异常，价格自然不菲。可是用它烧菜，总嫌浓郁不足。是以孔府早年都用香片入菜，借以加强香气。不过改良后的孔府菜，选用大方茶叶烧焖五花肉丁，虽然肉香、茶香融于一肴，但觉"平民化"了些，难登大雅之堂。"天坛"则异于是，以顶级乌龙茶之芽烧焖里脊肉，色泽酱红光亮，清爽软嫩不腻，食之隽美利口。如与料理手法类似、但以快炒成菜的碧桃鸡丁，一起充开胃菜或侑酒佳肴，应是甚为理想的组合。

至于窑烤的烤牌子（类似紫酥肉，蘸甜面酱伴青葱而食）、香焖红苹肘（乃孔府日常菜肴冰糖肘子的现代版极品）等，皆有可观之处。末了，再搭配店家超人气料理醋熘高丽菜及添加梅干的绿豆莲子汤受用，食之清冽甘爽，其味绵延不尽，颇能去腻生津。

在此须声明的是：在神州大陆，以"孔府"命名的酒不少，像孔府家酒、孔府宴酒、孔府老窖等均是。我每种都喝过好几回，不是香浓过甚，就是醇厚过度，实与这款崭新的孔府菜不太协调，幸好"天坛"有自酿的梅香配制酒"珍酿"可资佐饮，其沉郁蕴藉、入喉怡畅的风味，和"天坛孔府菜"两相激荡后，仿佛注入一泓清泉，足为食林增色，诸君一试便知。

孔府盛馔一品锅

一品锅为山东孔府的首席名菜，又称孔府一品锅，据说由乾隆皇帝赐名，是一道用海参和鱼肚等烹制而成的上馔。

清袭明制，官衔仍分一品到九品，以一品的为最高，九品的最低。孔子后裔受封为"衍圣公"，官居一品，乃最高阶。乾隆年间，皇帝赐孔府一套餐具，全名为"满汉宴银质点铜锡水火餐具"，全套计四百余件，"一品锅"就是当中最大的一件。

这件器皿呈四瓣桃圆形，盖柄下刻"当朝一品"四字，因以得名。孔府的家厨于是用猪蹄、鸡、鸭、海参、鱼肚等各种食材烹制成菜；其后，又在食材上陆续增加，更为精细考究，据云其材料竟达二十种，诚为洋洋大观，可媲美佛跳墙。此外，古今冠上"一品"的菜肴颇多，但孔府的一品锅，无疑是其中最上乘的美馔。

孔府一品锅最早的制法为：先将海参片成抹（即斜）刀片、鱼肚切厚片、玉兰片切薄片；接着豌豆苗在氽烫后，捞出用冷水过凉；鱿鱼卷亦用鲜汤氽过备用；一品锅内则用粉丝、白菜墩、白煮山药放入垫底，随即把白煮肘子、白煮鸡、白煮鸭置在上面。最后再将海参、鱼肚、鱿鱼卷、玉兰片、荷包蛋等在间隔处摆成一定的图案，添鸡汤、绍酒、精盐，上笼以大火蒸一个时辰取出，配上豌豆苗上席即成。以成菜汤汁浓鲜，用料珍贵，风味各异著称。

此菜扬名后，各官府莫不依式制作，历代相传，直到四九年前，山东、江苏、上海等地的一些高级餐厅，仍继续供应，只是有的还叫一品锅，有的则称什锦火锅。

其实自一品锅成名后，尚有些餐馆因其口彩好且制作易，便竞相仿效，早已乱成一团。像清末成书的《老残游记》中，即有关于一品锅的叙述："我那里虽然有人送了个一品锅，几个碟子，恐怕不中吃。"可见当时的一品锅，好些已非食物多样、用料珍贵、汤汁浓腴、味极鲜美，而是取材不广、制作不精，这等虚有其名的，看来只能权充个场面，混饱一餐尚可，但上不了台面，难中食家意的。

而江南的什锦火锅，旧称暖锅，铜制，中心可燃炙炭，尤宜寒流来时受用。其制法，依《武进食单》的讲法："事前先将大白菜心洗净，切断，铺入火锅底，然后将海参、火腿片、肉圆、鱼圆、笋片、冻豆腐或老豆腐、豆炙饼、蛋饺等多种材料，一齐放入，加水、盐、猪油，煮数沸，少时再加入菠菜、粉丝，及已经浸过酒之青鱼片（鱼片易碎，故宜最后加入），俟再沸即可取食。"享用之际，另以小碟盛酱油供蘸食用。看来这个火锅，食材虽繁，但多家常，此在重着养生的今日，似乎更加健康，能常享而不虞"补"过头，多吃它个几口又何妨？

标新立异儒家菜

这阵子来，在台北市观光传播局的大力推动下，"台北儒家菜"如火如荼地展开，非但滚烫上桌，而且遍地开花，搞得沸沸扬扬，可谓极一时之盛。然而，这套菜到底是啥？引发了不少回响，令好奇者亟欲一探究竟。

所谓"儒家菜"，就是以供奉在孔庙大成殿的先圣先贤及先儒为对象，将他们当时所吃的食材及肴点，设计成一套可众人同享的筵席菜，亦可个人独享的家常饭；它既能很精细、挺高档，更能普及化、随时吃。讲白一点，就是每道肴点都有个故事，有其文化意涵，在津津有味之余，道出个所以然来。

目前所研发的十五道肴点，道道有其来历，绝非凭空杜撰。例如来自东周时代的衅钟大牛、告朔饩羊、阳货馈豚、关市之鸡、欺君子鱼及圣贤礼鱼等，皆是大家常享的食材，其料理则千变万化，不仅可大可久，同时中外无别，有吃无类，不拘一格，实为食林注入一泓清流，在吃得饱之后，也可吃得好、吃得巧，吃得兴味盎然，将吃提升到更深层次，终至"我吃，故我在"，无入而不自得。

　　而今以官府菜为主体的"孔府菜"，在山东曲阜大行其道，吸引不少游客，只是囿于格局，毕竟影响有限。儒家菜则不然，深入各个阶层，范围不限中西，发挥儒家精蕴，吃得潇洒自然。相信在不久的将来，儒家菜将标新树一帜，立异诚为高，既为食林生色，又为台北成为美食之都画上完美句点。

茶楼对联见真章

早年对联盛行时，不拘各行各业，都会张贴对联，一时蔚成风气，饮食业自不例外，凡是酒肆茶楼，无不悬挂对联，其中不乏妙绝之作。以下这两副茶楼对联，或从小我出发，反映现实生活；或从大我入手，抒发店家心声。细读慢品，别有一番滋味。

第一副出自广东省南海县大沥的"雄边茶楼"，由一位年逾耳顺的老农曹英所撰，联云——

浅酌低斟，老友共研生产术；
佳肴美酒，高朋细论发财经。

文字浅显易懂，意思明白不过，于"民以食为天"外，论"财为养命之源"，真是一幅历久弥新的浮世绘。

第二副更有意思，居然是个合成联，纵横百年之久，嵌字环环相扣，加上寓意深刻，读来兴味盎然。

原来广州开设于前清光绪年间的"惠如酒楼"，在 20 世纪

90 年代全面装修，重新开业。在装修的过程中，发现一块已历一个世纪、雕凿精美、长约三米、朱漆墨字的上联，上书"惠己惠人，素持公道"，字迹遒劲雄浑，望之古意森森。但是下联却遍寻不着。据一些老茶客的回忆，这副对联只在喜庆节日才悬挂，下联到底为何，早已记不得了。为了让百年古联重现光彩，店家决定广征下联，消息既经披露，立刻群起响应，各地应征稿件，竟如雪片飞来，超过了一百件。

茶楼主事者郑重其事，邀请省市诗书画名家陈芦荻、陈残云、刘逸生等组成的评委会认真筛选，初定市电器工业公司张某的来稿入选，其词为："如亲如故，常暖人心。"后经评委会修改为："如亲如故，常暖客情。"经这么一更动，主客间的互动，顿时活络起来。而且它和百年古联相衬，益发对仗工整，韵味因而悠长，既有旧时痕迹，又蕴时代风采，并巧妙嵌入了"惠如"二字，可谓珠联璧合，确切映照茶楼风貌，不愧神来之笔。

新联已成，继而撰写，店家不惜重资，特请名书家陈雨田书写，镌刻在玻璃钢制成的联板上，悬挂于茶楼前，墨笔金字，笔势遒劲，为名楼增色不少。而百年古联重择"佳偶"，实为食林盛事，一时成为茶客们的美谈。

由上观之，古意寓新点子，才能制造话题，符合营销概念，进而开拓商机。不过，我个人在意的，反而是对联的内容。试想当下谋利，往往不择手段，顾客被当成肥羊，媒体经常报道，可见人心不古。因此，公道赚钱，人己互惠，待客亲切，主顾窝心，不正是炎夏的一帖清凉散，化纷争为财源的无上妙方吗？

五厨佳馐飨名士

　　诚如大声公陆铿先生所说的，这是一个别开生面而又精彩绝伦的餐会，平生难得一遇。

　　艺坛大老张佛千善写对子,曾给"奇庖"张北和写了一副,镶在其店门口。联云:"将军闻香先下马;金厨手艺胜京厨。"(注:张北和过去在1983、1984、1987及1989年获全台烹饪比赛职业组金厨奖)他们彼此交厚,早年常和高阳、唐鲁孙、夏元瑜等名士聚在一块儿把酒言欢。只是佛老不良于行,平日深居简出,但他对张北和亲炙的美味,一直难以忘怀。又听得张氏提起,谓经十二年的努力后，终于探索出已故国画大师张大千家中失传绝艺"水铺牛肉"的精髓，更是心痒难搔，真想一尝为快。

　　张北和性情磊荡，很讲义气，为了成全老友的心愿，又想让笔者得睹佛老的芝颜，乃请我情商于陈力荣，打算在"上海极品轩"餐厅设宴，将亲铺几块上好牛肉，恳请佛老试试，看看是否得摩耶精舍的滋味。力荣亦是性情中人,手底下有些功夫。闻状便说既然张先生有此心意，那他和餐厅里的大厨也一起献艺，增添些用餐气氛。我自然乐观其成，遂有此一文人雅集。其好菜之纷陈，尤令人惊艳不已，好生难忘。

当天与会者除张佛千外，另有陆铿夫妇（其夫人是大名鼎鼎的江南遗孀崔蓉芝）、逯耀东夫妇、刘绍唐、袁暌九（笔名应未迟）、《光华杂志》的薛少奇及主编王莹、叶子明、陈力荣夫妇及笔者夫妇等二十人。大家齐聚一堂，共坐一大圆桌，气氛相当热烈，真是欢乐无限。

首先上的即是水铺牛肉，为能有效掌握其火候及口感，张北和就在餐桌旁用瓦斯炉现铺旋捞。第一大盘上菜，马上一扫而光，大伙儿对其色白如雪的美感及清爽柔润的口感，忍不住大声叫好。有的人还不相信这是牛肉哩！当陆铿得知这是用牛的肩胛肉铺成，讶异不置，夸赞连连。

在吃罢原味的水铺牛肉后，接着再上一大盘同样的，方便大家尝另类滋味，既可与渍姜丝一起送口，亦可只蘸胡椒粉而食。这渍姜丝与胡椒粉皆由张北和自制自研，搭配滑嫩的牛肉，果然各自呈现出独有的风味。最后尝的则是麻辣的口味，重麻微辣，适口充肠。接连三道下来，已勾起了大家的食欲，启动了所有的味蕾。有人不禁慨叹地说，牛肉能做到如此，不愧是大师绝活。

张北和随后上的是"一品西施舌汤"，此菜系将西施舌去壳起肉，放入全鸡、去骨的虱目鱼腹及绿竹笋所熬的高汤中，稍余即成。脆爽甘脆，几乎每一样都鲜到极点。只可惜西施舌肉乃张北和自台中搭飞机带来，因时间太久而稍微失鲜，不然就更臻完美了。我连尽数块鱼肚，此鱼腴滑鲜嫩，入口立化，吃得过瘾之至。张北和在做完这几道后，就欣然入席，转由陈力荣接棒。

力荣早就跃跃欲试，为了不让张北和专美于前，亦在席边露了一手甜豆炒芦虾仁。这河虾购自东门市场，价钱昂贵，可谓不惜工本。其肉嫩且细，而且通体透明，在清炒之后，曲蜷成环，晶莹剔透，与甜豆仁白碧相间，分外好看。而吃在嘴里，腴润爽嫩，尤其可口。力荣在众人的喝彩声中，含笑而退。随后服务人员将他事先烧好的宁波家乡菜黄豆圆蹄、葱烤鲫鱼等奉上，续让座中客尝尝他的手艺。这时候，逯耀东、叶子明和笔者三人，已干掉了一瓶出自宜宾五粮液酒厂的尖庄曲酒，美酒佳肴相得益彰，实在痛快无比。

末了是由餐厅的主厨上阵，分别是原侨福楼的张德胜师傅及来自石家饭店的范添美师傅。他们打头阵的菜为咸鱼肉饼，此肉饼内有笋、虾，滋味不咸不腻，吃来鲜清香美，逯师母很满意，博得个好彩头。然后则是精彩别致的蟹黄刺参，外观亮丽的琵琶豆腐及型美够味的烟熏鲳鱼。这几道大菜一上，肚量小的已觉撑了，个个停箸不进，殊不知还有好菜在后头哩！

终结的这道菜是葱油八角蟹，每人尝个半只。八角蟹即旭蟹、虾蛄头，正值其产季，虽不是挺大，但细白肉嫩，鲜美得很，再加上青葱衬托着红艳的外壳，格外耀眼醒目。我见好些人在酒足饭饱后，仍努力啃着吃，其诱人可见一斑。

陈太太显然不愿在盛筵中留白，亲手做的三笼鳕鱼蒸饺，便在此时登席荐餐。其馅除龙鱼肉外，亦掺些芹菜末，并用点胡椒粉提味，底衬翠绿荷叶，只只雪白俏丽，香泛馥凝，光看其外表，就足以让人垂涎欲滴啦！可见老板娘为了一秀身手，委实费了不少心思。同时上的另有紫米百合羹，馨逸泹润，紫白溶浆，细细品尝，沁人心脾。

转眼已近尾声，力荣不甘寂寞，再命人端上新近在上海习得改烙为先蒸后炸的芝麻饼，此饼圆厚，色泽金黄，铺满芝麻，葱椒为馅，嚼来喷香，很有吃头。在合桌人的赞叹下，终于为这次的餐会画下一个完美的句点。

吃罢，少不得交换名片，互道久仰。大家沉浸在欢乐的气氛中，经久不散。我以能参与此会而高兴万分，特地撰写此文，记下当日盛况，留作美好回忆。

欢然欣会"天然台"

　　数年前，我们这一美食会的"精神领袖"逯耀东教授，因为"领导"翁云霞出了本《到外面吃》；成员之一的李岗也以《下厨真好》问世；笔者则生个犬子，白胖可爱；三喜临门，好不热闹。乃请全体会员一块儿在天然台湘菜餐厅小聚。全员都到齐，坐满一大桌；美食佳酿争辉，果然是个盛会。

　　逯教授当年在台大历史系开"中国饮食史"这门课时，听者如堵，万头攒动，而且旁听的比选修的还多得多。为了学以致用，知行合一，他曾数度带有兴趣的学生去天然台吃些地道的古早菜；学生们莫不吃得津津有味，深感受益良多。只因逯教授坚持自掏腰包，以后就没人肯老着脸皮打抽丰了。如今风水轮流转，换人不换地，我们这些会员何其有幸，竟能"不当得利"？所以，一接到翁领导的通知后，个个欢欣鼓舞，准备好好品尝，顺便长长见识。

　　天然台是家近半世纪的老餐厅了，曾经冠盖云集，誉满京华。我约四十余年前，才得一尝其味。当时祖母陈太孺人已逾古稀，每年的暖寿，伯父均会叫馆子到府外烩；到了生日那天，则赴大餐馆庆祝，弄得热热闹闹，借博老人家一粲。由于往年外烩叫惯了江浙菜，有一次，伯父突发奇想，改叫湘菜，请的便是天然台。时读高中的我，即对左宗棠鸡、蜜汁火腿、炒羊肚丝、连锅羊肉及荸荠饼等，留下极深刻的印象。

开始上班后，因地利之便，仍常到这儿小吃。像左宗棠鸡、蒜苗腊肉、炒羊肚丝、苦瓜肥肠、东安鸡、清红椒、卷鱼球与湘式银丝卷等家常菜式，便经常点享。口味道地，经济实惠，非常受用。过了几年光景，仅左宗棠鸡还有旧时味，其余则无下箸处，遂对其潇湘菜色彻底失望，已记不清多久没光顾了。这回逯教授亲自出马，菜肴必然不同凡响。我的心思不禁又回到了从前，遥想当年初见"新大陆"的喜悦之情。为使大家吃得更加尽兴，乃携一瓶珍藏九年的双沟大曲助阵。

待大家坐定后，好菜随即登场；五道先发热炒，无一不是精品。这五中碗分别是三杯鱼唇、左宗棠鸡、芥末鲜鲍、炸咸猪肉及烤青红椒。

鱼唇用三杯来做，我倒是头一次吃。地道江西烧法，糅合客家食材"九层塔"，鱼唇爽滑脆腴，口感出奇的好，众人无不"盘馔已无还去探"，吃得十分痛快。左宗棠鸡一味，乃董事长（少东）亲炙，全用鸡腿精肉，重油厚味，皮Q肉滑，平生所食，以此为最。另灌装鲜鲍切片铺在西生菜上，形如小圆山丘，浇裹芥末调汁，鲜嫩中带Q，香腴中有劲，还真不是盖的。蒸腊肉合为湘菜正宗，用腊猪耳、猪舌及舌边肉和以辣子，略加甜酒酿汁蒸之，味醇肉腴，耐人寻味。一并而上的炸咸猪肉，肉皆三层相间，且片片带软骨；肥肉不腻，瘦肉不柴，皮尽酥脆，夹蒜丝吃，妙不可言。最后才上的则是烤青红椒，系以文火煨焗而成，质烂味浓，入口软绵。吃完这五中碗，肚量不大的人，已可看出饱态。

打头阵的大菜是一品刺参。海参出自辽东，在用心发好后，从正中央划开，嵌入鲜肉、香菇、荸荠制成的馅，再红煨即成。软腴烂透，滑中带爽，味极醇美。在众人的赞叹声中，栗子甲鱼已端上桌来，这道菜在二三十年前，曾风行于宝岛各餐馆，在沉寂好一阵子之后，大陆"马家军"又掀起了热潮，一度走俏两岸。结果因发现台湾南部养殖的鳖带有霍乱弧菌而行情下跌。老板特地挑拣一只肥硕的，以栗子红烧，鳖裙腴滑，鳖肉细嫩，栗子酥糯，汤汁浓醇，还真好吃。我觑准了鳖裙，接连两块落肚，其味美极，过瘾得很。这时候，又干了几杯被陈毅誉为"不愧天下第一流"的双沟大曲，更有添香回味之妙。

接着是江南才子钱谦益与秦淮名妓柳如是的定情珍馐"叫花鸡"，这本是常熟名菜，因名字太寒伧，口彩不登大雅，馆子泰半改称"富贵鸡"。选的可是乌骨土鸡，腹肉填满各料，撒上破布子，先取玻璃纸包好，再裹以荷叶，用泥封好，然后烘透。吃前敲碎泥封，原只托盘呈现，汁收味足，诱人馋涎，实不逊于江浙馆子所烧制的。

纸包菜源于广西梧州，最先扬名的是纸包鸡，采用玻璃纸包装。后因冯玉祥等人不明就里，直接送口，老嚼不烂，闹出笑话，乃改以可食的威化（糯米）纸，方便客人享用。至于纸包龙虾，早年以叙香园的大厨吕江川（阿川）最为拿手，其后餐馆竞相仿制，遂成一道著名的菜肴。天然台这次烧的，虾肉紧结 Q 香，似已得其神髓。再加上所搭配的煸炒四季豆共尝，的确相当出色。

上汤鱼生可是标准的粤菜了。粤菜之所以融入于湘菜之中，不得不归功于谭钟麟。话说清季末造，籍贯湖南茶陵的谭钟麟出任两广总督。当时其衙门内的厨役皆是粤人。粤菜讲究清、鲜，实与传统"油重色浓，咸香酸辣兼备"的湘菜格格不入。谭氏雅好食艺，在乞休回籍后，乃将湘、粤菜肴结合，着重"滚、烂、烫"三字诀，使湘菜有了新面目。其三子谭延闿乃陈履安的外公，此公为晚清翰林，民国初年曾任湖南督军及省长，后官拜行政院长，亦代理过国府主席。他不仅是个大书法家，更是个大吃家。名扬大江南北的"组庵菜"，即是其府上的珍馐。这一大碗上汤鱼生，系以薄鲩鱼片去刺在上汤中烫熟而成，为使看起来赏心悦目，中间的肉片做成玫瑰花状，再由此向四方辐射，布满整大锅。其下则是西生菜，汤汁鲜清，爽腴适口，颇有醒酒之功。

汤菜甫毕，紧接上的是店里的创意菜"神雕侠侣"。此雕为真鲷（即嘉腊鱼），以吐司裹茭鱼片，用油略炸，上撒芝麻即成，炸得酥而不腻，入口腴润，还算不错。配食炒山苏后，滋味居然大为提升，有相得益彰之效果。颜色则黄绿相衬，相当别致，堪称精品。

最后上的大菜为豆豉蒸鱼头，咸鲜得宜，喷香够味，挺好吃的，伴食已蒸至烂透、如拇指般大的花东特产小苦瓜，真是绝配。末了则是其制作精细的枣泥锅饼及甜汤，饼香软而汤清甘，实为这顿饭画下了极完美的句点。

吃罢，大家腹满为患，赞不绝口。逯教授开怀地说，台北市他罩得住的餐厅只有三家，一是上回吃的永宝，还有这次吃的天然台，另一家则是郁坊。看来咱们这群餐客口福不浅，在他的引领下，又有好滋味可尝啦！

名师高徒聚"鳕园"

　　鳕园是家以卖鳕鱼及冰鱼著称的餐厅，口味清淡馨逸，蛮能符合现代化的饮食风尚。故自其开张以来，即备受各方好评。咱这个美食会先前曾在此聚过一次，人对菜好，笑语不断，与会者无不留下深刻的印象。而今，本会要角之一的喻姐，独力擘画天母店，大伙儿少不得要去捧场助兴，热闹热闹。喻姐为满足大家的期望，特地精心策划一桌好菜飨诸同好。我能躬逢其盛，自然乐不可支。

　　甫进餐厅，但见几亮窗明，陈设别致，心情为之一畅；待入座后，逐一向会友问好。这时，喻姐又引见了新朋友，分别是营养名家洪建德医师及元气斋出版社发行人林铃塙等人，又听说逯耀东教授的高足郭纯育医师（食疗名家庄静芬医师之夫）亦要与会，人未到而酒先送至，一听到有好酒可喝，众人的兴致更遄飞了。

　　起先上的四热炒，即已勾起大家的食欲，这四道菜依序是XO酱鲜贝、双椒牛柳、韭黄龙鳕丝和百合虾仁。吃到嘴里，感觉其不论是菜色还是风味，十足是港式烧法。幸喜它料鲜质精，颜色亦搭配得宜，兼具卖相与美味，马上赢得满堂彩。其中，又以韭黄龙鳕丝最受欢迎。能将鳕鱼切得与韭黄段大小相埒，仅稍微厚了些，刀工真不简单。入口则腴滑爽脆互见，彼此非但不排斥，反而更加的相容，不愧是其招牌菜。

大菜接着登席荐餐，首先上场的是元蹄乌参。这道菜讲究的是火候，须煨到软而不烂、透而不腻，方为上品。店家烧得不错，称得上是可口；而有猪脚垫底，那就不易醉啦！喻姐此番在配菜上的用心，由此细微处可见。

招牌菜之一的香酥冰鱼跟着端上，十几尾光鲜亮丽的冰鱼在细白瓷盘内兜拢，煞是好看。这鱼长年在深逾一千米的南极冰洋下洄游，肉质紧Q，非常爽口。店家先以葱、姜及料酒浸渍，然后以中火炸过，随即捞出装盘。在享用的时候，以手的拇、中、无名三指拈住（亦可用筷子撽住）鱼尾，顺势向鱼头撕，吃完撕下的数片肉条后，接着吃炸得酥透的尾巴；再来是啃骨头，那鱼骨相当硬韧，嚼来颇费工夫，故齿力不济的，多半不会吃它。最后则将整个炸得酥脆爽适的鱼头整个往嘴送，细品之后，香溢齿颊，此际再送一口百龄坛二十五年的苏格兰威士忌，更是让人眉花眼笑，打从心底喜欢。

另，喻姐为使生意做得火旺，不惜将家中的好菜和盘托出，亲教主厨学艺，用以招待嘉宾。我们尝了其中三道，一是蒜瓣酿青辣椒，一是烧芥菜，另一则是蒜香鲥仔鱼；它们皆因精心制作而味美，博得大家一致好评。而我个人最欣赏的则是吸足油而不腻、入口消融立化的蒜瓣及酥香葱味的鲈仔鱼。在不知不觉中，那瓶百龄坛的陈年威士忌竟已喝光。这时，另换上的佳酿乃是约翰走路号称三十五年的苏格兰威士忌。众吃客喝得好不过瘾，以后再开一瓶同样的约翰走路。居然干掉三瓶，实在尽兴极了。

干的东西已吃不少，不觉有点舌燥，蟹粉竹笙煲适时端上，立刻抢手叫座。此煲内的料理以"老皮嫩肉"比较特别，这玩意儿为煎过的蛋豆腐，其口感和竹笙完全不同，一嫩一爽；但在蟹粉的调和下，滋味益形突出，可谓相得益彰。我连尽三小碗，其鲜味能绕舌，竟至久久不去。

就在众人的赞叹声中，两道重量级的大菜接连上桌。头一道是干烧鳕鱼头，下一道是烟熏玉排。鳕鱼头一直是鳕园的镇味大菜。因上回在大安路吃的是砂锅做法，这回便改食干烧做法。鳕鱼头个头不小，比平常吃的鲢鱼头来得大，里头的精华更多更胜。我见在座诸君，尽夹头边肉吃，心中很是纳闷，敢情是太客气了。轮到我的时候，马上以汤匙舀了柔润滑嫩的精华放在逯老师盘内。师母为了老师健康，雅不愿老师吃它。逯老师则笑呵呵地说："这种好东西怎可不吃？"随即送口大啖。眼看"孝敬"得宜，我则喜上眉梢。

烟熏玉排的确出色，选的是猪上好的肉骨头，然后用红米、茶叶熏它，再把熏过的汤汁浇淋其上。其色红艳夺目，瘦肉嫩而不柴，肥肉油而不腻，兼且质高味厚，实在深得我心，可惜一人一块，真的很不过瘾。

座中人在吃了这么多的美味后，食量小的，纷纷停箸不进；

但对我而言，尚只五分饱。就无巧不成书，一大盘东洋鱼炒饭已出现在眼前。

东洋鱼指的是腌渍鲑鱼，亦称红鲞，其名各地不一，如上海谓之"马鲛鱼"。这是抗战前一再倾销至中国的东洋货之一，整桶粗盐未化，价贱不为人重，诸低收入户皆取此佐馔。每当一有排日行动，首先遭池鱼之殃的，便是此物。其实，上品的红鲞，包装很精致，价钱不便宜。照名历史小说家高阳先生的看法，"谈到鲞，不是长他人志气，灭自己威风，实以日本的红为第一"，他指的当然是上品，家母常取其头炖豆腐，煨至整个入味，上撒些许葱花，盛放于瓷盘中。但见红、青（指葱花）、白三色相间，不仅分外好看，且有几许禅意，下饭佐酒两宜。而用这红鲞与蛋炒饭，胜在颜色光鲜，入口清爽不腻。不过，我若可以选择的话，最独钟的还是广式的咸鱼鸡粒炒饭。

末了，但见一大海碗端出，此乃压轴的火腿土鸡干贝砂锅，食材十分可观，汤汁异常鲜清，有人已喝三碗，尚意犹未尽哩！

眼看枣泥锅饼、龟苓膏及水果接连端出，心知此宴已近尾声，只是大家聊兴丝毫不减。后至的郭医师大谈他上逯教授"中国饮食史"这门课的心得，并说他每个礼拜最快乐的时光便是专诚从石牌坐出租车去台大上课。我看着他曲意承欢的样子，益见其人尊师重道的精神与为师者学养的深厚了。

后记：曾几何时，"鳕园"早就歇业，逯老师已仙去，座中客亦星散。当日风流雅事，今日回首思之，只能徒呼负负，尽在不言中了。

目食耳餐又一章

　　食物是否好吃，真是个好问题，现已归纳如下：为色、香、味、形、触。其中，色与形皆是视觉上的感受；味与触，乃是味觉上的体现；而无声无色的香，则是嗅觉上的受用。基本上，就肴点而言，最容易呈现其美的，即在其色与形，一旦映入眼帘，或恐引发食欲，甚至勾起馋涎。

　　而今摄影技术日新月异，非但拍得惟妙惟肖，而且能从各个角度切入，或正、或侧、或垂直、或远近，种种特写效果，无不错落有致，让人一新耳目。而此先入为主，往往引人入胜，增进味美联想。是以日本料理及新派法式餐点，特重摆盘功夫，讲究餐具呈现，即使一盘一碟，亦会殚思竭虑，其能扬名寰宇，进而引领风骚，似为关键所在。

　　而袁枚对于只尚虚名、不讲实惠的"耳餐"，曾指出："极名厨之心力，一日之中，所作好菜，不过四、五味耳。"按当时的烹饪器具，不似今日精准方便，如非全力以赴，难保不会失手。当下分工日细，指挥设计与执行，必须各展其才，方有一席珍馔。于是长于行政之主厨，就算早年能烧出类拔萃之菜，但功夫搁久后，手艺自然生疏，偶尔露个两手，就算创意十足，在割烹料理上，实难臻于理想。不过，慕名来者甚众，还得通过人情，始能如愿以偿。食客如非老饕，尚可应付过去，倘若精于品味，那就贻笑大方。造成如此现象，即是"耳餐"使然。

总之，"目食"与"耳餐"二者，食客享用之前，反映在心理上，必定充满期待，但中看不中吃，仍比中听不中吃实在，毕竟看过赏心悦目之"佳"肴，比起耳惠而实不至的，还是强多了。

好恶两极创意菜

在博版面、增曝光度和好好玩等激荡之下，创意菜终于一枝独秀，几乎席卷当今食界，既迅且猛，锐不可当。然而，天底下任何事，总是一体两面，而且利弊互见，只要瑕不掩瑜，甚至利多于弊，就宜大力推行。就我个人而言，不管是古早味，或者是创意菜，只要烧得到位，绝对是个好菜。诸君以为然否？

当下的创意菜，早已跳脱窠臼，超乎想象之外，其中最特别的，首推分子料理，造成一股风潮。西班牙的阿布里，乃分子美食始祖，所制作出的创意菜，强调"科学与创意结合"，其厨房一如实验室，居然不见丁点星火，难怪九成九是凉菜，其妙除解构了食材，亦保留颜色和味道，却大大改变了质感，更以卖相精致新颖，加上充满了幽默感，在在引人入胜。是以一经推出，果然不同凡响，沛然莫之能御。

这种创新方式，颠覆人们想象，其形其质其美，屡屡洋溢惊艳，是最成功个案。而今的创意菜，通常是走和风，在摆盘上下功夫；有的则走欧风，亦在盛盘着力，只是摆饰不同；还有自成一路，居然是混搭风，搞得不伦不类。看在眼里，颇不搭调，吃在口中，不知吃啥！如果以山寨为创新，冶东西手法于一盘，假其名而收其实益，势必会扼杀创意之根苗，陷食客跌入万丈之深渊。

总之，菜贵创新，我就是我，不袭成规，不拘一格，但需根柢。舍其本而逐其末，创意何可贵之有？

创意之道在创艺

　　创意的肴点极多，有真功夫的有限，如果能精进超群，不但能有一己面目，而且可树立典范，那就难能可贵了。只是这个创意源，须具备扎实根基，然后再本此奋进，才有望登峰造极。假使是天马行空，甚至是凭空想象，仅创意而非创艺，所得出来的结果，必有如空中楼阁，也就不堪闻问啦！

　　日本的怀石料理，重现四季的变化，以精致讲究著称。既师法禅宗精神，尤尊崇自然风格，将小巧发挥极致。起先是一汁三菜，有"茶怀石"的称号，后演变成为料理，形式为七菜一汁。大概三十年前，一度在台北盛行，流行于上层社会，即使其价格甚昂，嗜之者不乏其人。

　　"御神"的阿昌师傅，曾受业于"宝山"，尽得乃师真传，精究怀石料理。但不蹈故迹旧辙，所设计出的菜单符合八股精神，致力起承转合，好似峰峦起伏，高潮扣人心弦，决不单调呆板。此外，他一改怀石本色，从那小巧玲珑，变作大气磅礴，从大盘大碗中，操演精湛手艺，即使食材大件，亦寓精彩细腻，保证不同流俗，充满个人丰采。其绝妙高明处，称为"创艺怀石"，倒也名有所本，可谓名副其实。

由上可知，想要厨艺通神，必先立定脚跟，笃守一家一派，才有师承家法，有了此一渊源，始能进入门径，接着精益求精，"转益多师是汝师"，最后兼容并蓄，遂可变化发展，化创意而为创艺，成其大且就其深。设想不顾家法，师承抛诸脑后，或可取悦一时，终究无法长久。

省思无菜单料理

当下无菜单料理盛行，推陈出新，融会中西，加上媒体喜欢发掘，渐已成为趋势，食客爱其"新鲜"，自在情理之中。

约莫二十年前，我在新店上班，常和同事小聚，喜欢去个小馆，老板很有个性，以"怪老子"称之。馆子里的菜单，往往仅供参考，只有冰箱有的，才能烧几个菜。其唯一常备者，便是腊肉这味。同事有卓姓者，其性倜傥不羁，嗓门亦特别大，往往一到门口，立刻高声呼道："老板，来盘腊肉。"虽已事隔多年，一旦思及此事，每常莞尔一笑，脑海印象之深刻，由此可见一斑。

怪老子的手法，开无菜单之先河，却非刻意为之，而是手头拮据，菜肴无法备办，只好图个方便。却因此举特别，兼且手艺高超，吸引一些饕客，我们即为其一。

分析无菜单料理的好处，大概有以下数种。其一为可因时制宜，只准备当今盛产的食材，选择量多而新鲜的，可以降低成本；其二为可以管控食材数量，能视预定客人之多寡，当天买足备妥，非但不必担心浪费，亦不虞剩料会不鲜，使客人吃得安心；其三为就现成的食材，给予新的组合，菜肴常铸新意，令客耳目一新，便会经常光顾；其四则为店家挖空心思，会在肴点求变，在积极运作下，自然熟能生巧，功力在增进后，客人口耳相传，生意蒸蒸日上。至于不必花钱印制菜单，则为余事耳。

或许可以这么说，台湾无菜单料理越盛，创意的佳肴必定越多，间接亦促成食界的进步。只是偶或出现弄巧成拙，竟当顾客为白老鼠者，那就焚琴煮鹤，让人大煞风景。

无限风光创意菜

时代快速转变，源自创意不断，造成日新月异，触及多项领域，食界即为其一，其中诀窍所在，应在媒体身上，除喜新厌旧外，非但兴风作浪，同时推波助澜，其势之猛之烈，沛然莫之能御。然而，积极求新求变，固是美事一桩，才有新闻价值，制造更多商机；但退一万步想，改变需要能量，累积一定的量，始能跳脱现状，完成成熟作品，进而发扬光大。毕竟，创意源源不绝，文明向上提升，人类才会进步，不会停滞不前。

不容讳言的是，台湾创意当道，可谓因缘际会，而且得天独厚，为举世所仅有。历经诸种文化，饮食原本多元，更因兼容并蓄，逐渐融会贯通。虽然时日已久，人们忘其所以，只是来历昭昭，终究有迹可循，提供无限空间，一旦结合想象，马上推陈出新，创造各种可能，若说成"变则通"，倒也贴切现况，名实完全相副。

台湾真是宝岛，本身农牧俱全，加上技术先进，优良产品极多，并拜交通便利之赐，各种食材荟萃。而最令人称羡的，则是在集中国各地饮食之大成后，先一步与东、西洋接轨，以至食法多元，食味变化万千，种种搭配组合，每每出人意表，媒体追新逐异，常常成为焦点，管它功过是非，既有这些现象，也算难能可贵。

事实上，创意需有所本，不是一味搞怪，博得新闻版面。希望不久将来，迅速累积能量，经一番淬炼后，走出一条新路，完全属于自己，引领时代风骚，屹立世界食坛。

食谈

品评佳肴要有梗

今人称赞味美，通常坦率直接，而常听的词儿，不外"超好吃"、"真美味"、"不错吃"等，虽仅寥寥数语，颇能引起共鸣。尤有甚者，如"脸书"、"推特"等，只要按一个赞，或用火星文及特定符号，也能率性传达，但这种表达方式，即便简洁明了，终究缺了味儿，少些文化意涵。

号称"西南第一把手"的一代川菜大师罗国荣，精通红白两案，既承袭传统，亦勇于创新，巧制各种珍馐，赢得无数喝彩，而形容其美的，多为书画名家，以及善啖文人，于是他们的赞词，每别出心裁，或另出机杼，留下精辟句子，让人会心一笑，甚且引为知音。

比方说，罗氏创办之"颐之时餐馆"，其菜色足以和享誉已久的"荣乐园"媲美，食客唐觉从、王樾村的评价为："颐之时一出，盛极一时，人称荣乐园与颐之时为'一时瑜亮'；比之书法，则为刘石庵与邓完白；比之绘画，称之为吴湖帆与张大千。"书法名家谢无量亦誉罗氏的"开水白菜"、"口蘑肝膏汤"、"鸡皮冬笋汤"三味，好比《三希堂法帖》中的三件宝：即《伯远帖》《快雪时晴帖》及《中秋帖》。名帖名菜相得益彰，非知味者，难出此言。

此外，书家昌尔大吃了他烧的"干烧虾仁"、"笋衣鸽蛋"后，指出："罗国荣手下似颜鲁公（真卿）书法，雄秀独出，一变古法。"称誉极隆，此与罗常强调的举一反三、善于运用，可谓不谋而合。至于老教授向楚评为："出手不凡，似陈子昂之前不见古人。"一旦褒奖过度，应是应酬溢美之词，那就不怎么客观了。

无味之味亦美味

五味之中，咸这一味，缺它固不可，也最难控制，稍有不慎，满盘皆输。它的难处，就在不能一成不变，要因人、因时而异。且在咸味中，绝大部分来自于盐，由于不可一日无此君，因而号称"食肴之将"、"百味之王"。在所有调味中，名列第一。烹饪上用到它，一丝马虎不得。

《调鼎集》上用盐，不但讲究"一切作料先下，最后下盐方好"，而且"若下盐太早，物不能烂"。这可是有道理的，因为盐会使蛋白质凝固，凡烧煮含蛋白质多的食材（如肉汤），切记不可先放盐，如果先下盐，则蛋白质凝固，不能吸水膨松，就不易烧烂了。为了安全起见，《随园食单》指出，"调味者，宁淡勿咸，淡可加盐以救之，咸则不能使之再淡矣。"确为至理名言。

此外，《随园食单》认为："上菜之法，盐者宜先，淡者宜后；浓者宜先，薄者宜后；无汤者宜先，有汤者宜后。且天下原有五味，不可以咸之一味概之"。其原因很简单，人们刚开始吃，因为嘴巴淡，体内需要盐，等吃到末了，身体内的盐分，已达到饱和点，最需用水补充，一旦汤汁落肚，鲜味马上提升，如果再下了盐，口内只有咸味，当然会吃不消。因此，酒席菜多，最后的汤，切莫放盐。

关于此点，依据我的体验，地道的宁波菜，其味够咸够重，曾在上海的"金裕元"，尝那地道的宁波菜，在吃了二十八道头盘及热菜后，纳臭、咸于体内，吃得血脉偾张。幸好最后上的鞭尖炖鸡汤，完全没放盐，称原汤原味。我喝了一口，那汤真是鲜，以无味而称雄，真是顶级美味。

樽前自献自为酬

　　我平生好文史，甚喜读兵法，曾醉心于书道，但论本身最爱，乃美食与佳酿。在大陆出产的白酒中，至少喝过四百种。所谓的名、优酒，我几乎都尝过，有的还饮过几十瓶，亦有饮过十几瓶的，而饮过几瓶的，则屈指可数。并非我在托大，身处海角一隅，从未走访大陆，竟有此一奇缘，实属难能可贵。

　　近十几年来，大陆的酒业勃兴，其品目之繁多，让人眼花缭乱，目为之眩。仅就白酒的基本香型而言，已从过去的浓香型、酱香型、清香型、米香型、兼香型、其他香型这六种扩充至十种。治丝益棼，徒乱人意，我以为颇不足取。更何况目前大陆的品酒专家们，认为白酒在香型上，应倾向"少香型，多流派，有个性"，并提出"淡化香气，强化口味，突出个性，功能独特"的发展方向。我个人颇然其说，但就"淡化香气"而言，倒是不敢苟同。此曲香如成自天然，强调其香尚恐不及，假使全来自添加之物，那就只好退避三舍了。

　　以三独特（工艺、风格、香味组成比）著称的董酒，属其他香型白酒，为药香（一名董香）型的代表。其酒液清澈透明，酒香浓郁优雅，具有"三高一低"的特点，即丁酸乙酯、高级醇、总酸的含量为其他酒的三至五倍，而乳酸乙酯的含量则不到一半，故酯香、醇香与药香俱全，酒体丰满协调，入口柔绵回甜，饮后干爽味长。其醇其和，堪称独步。

品尝董酒，莫妙于蒸、炖菜肴，像汽锅鸡、清炖脚鱼（即甲鱼）、泥鳅钻豆腐、竹筒蒸鱼、竹筒虾、肴猪脚、蟹粉鱼肚、鲥鱼干丝或野菜排骨汤等都很合适。又，我曾在台北以川扬菜闻名的"郁坊小馆"品尝过董酒，当日的菜色有咸猪脚两吃、凤鸡、肴肉双拼、麻辣腰花、腐竹排骨、栗子烧鸡、清炒鳝糊、香酥八宝鸭等，酒珍菜美，大有"人生不过如此"之叹。

前些时日，又在台北"四五六上海菜馆"品享董酒，发觉它和店内的名菜如砂锅花三鲜、煎马头鱼豆腐、清炒膳糊、鞭尖腐皮毛豆等菜肴极为对味，相互烘托，效果加倍，可谓相得益彰了。